普通高等教育一流本科专业建设成果教材

日用品化学

严和平　张举成　徐世娟　主编

Commodity Chemistry

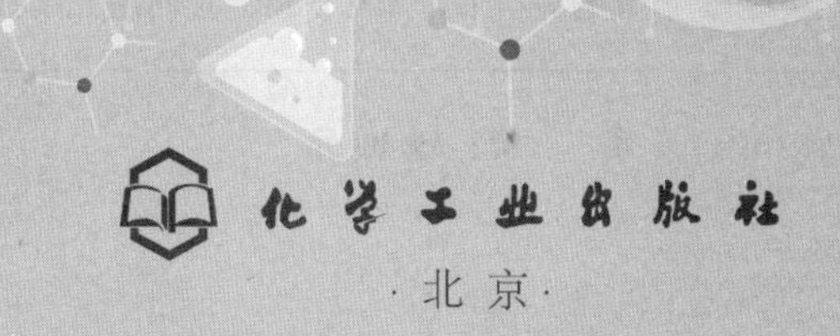

·北京·

内容简介

《日用品化学》以化学知识为点，辐射人们生活中的各方面，关注化学与身边事物的关系。内容包括食品与化学、饮料与化学、香烟与化学、药物与化学、服装与化学、化妆品与化学、饰品与化学、洗涤用品与化学、室内外装修的材料与化学，共9个方面。读者通过本书可以了解身边的化学世界，了解在不同领域可能接触到的化学物质，了解化学学科的相关定理、理念、特点，从而达到开阔视野、提升科学素养、培养科学思维的目的。

本书可以作为高等院校的通识课程学习教材，也可作为大众的科普读物。本书配套教学课件和讲解视频，供读者选择使用。

图书在版编目（CIP）数据

日用品化学/严和平，张举成，徐世娟主编. —北京：化学工业出版社，2024.4

ISBN 978-7-122-45008-1

Ⅰ. ①日… Ⅱ. ①严…②张…③徐… Ⅲ. ①化学-高等学校-教材 Ⅳ. ①O6

中国国家版本馆CIP数据核字（2024）第061729号

责任编辑：王　婧　杨　菁　金　杰　　　文字编辑：丁海蓉
责任校对：宋　玮　　　装帧设计：张　辉

出版发行：化学工业出版社
（北京市东城区青年湖南街13号　邮政编码100011）
印　　刷：北京云浩印刷有限责任公司
装　　订：三河市振勇印装有限公司
787mm×1092mm　1/16　印张 $10\frac{1}{4}$　字数243千字
2024年8月北京第1版第1次印刷

购书咨询：010-64518888　　　售后服务：010-64518899
网　　址：http：//www. cip. com. cn
凡购买本书，如有缺损质量问题，本社销售中心负责调换。

定　　价：39.00元

前 言

化学作为一门自然学科，广泛地体现在人类社会生活的各个方面。随着人类社会信息的快速传递，当前人们科学素养普遍提高，有能力理解生活中更多的化学知识，本书的编写初衷即为帮助人们了解化学、走近化学。

化学作为一门实用科学，与人们的生活息息相关，本书旨在介绍与日常生活相关的化学知识，帮助非化学工作者正确认识生活中各类物品的化学成分、相关性质等化学知识，培养科学素养和严谨的科学态度。本书分为 9 章，涉及食品、饮品、烟草、药物、服装、化妆品、饰品、洗涤用品和装修材料共 9 个方面，对其中的化学知识进行介绍，语言通俗易懂，便于阅读理解。本书是高等院校的通识课程教材，亦可作为大众的科普性读物。本书为纸数融合出版教材，配套教学课件和讲解视频，供师生和读者选用。

本书由红河学院严和平编写第 6 章～第 8 章，云南中医药大学张举成编写第 4 章、第 5 章和第 9 章，红河学院徐世娟编写第 1 章～第 3 章，陈雅顺、段玉负责素材收集和整理工作，全书由严和平统稿。

本书的编写和出版得到了红河学院的大力支持，编者深表谢意。衷心感谢在本书撰写中提供帮助的范兴祥高级研究员、闵勇教授、杨光明教授。

由于编者水平和工作经验所限，书中难免有疏漏之处，敬请专家、同行和读者批评指正。

编者

2024 年 1 月

目 录

第5章　服装与化学　64

第6章　化妆品与化学　85

第7章 饰品与化学 110

绪 论

化学是在原子、分子层次上研究物质的组成、结构、性质及其变化规律的一门学科。作为一门实用科学，化学的起源和发展与人类的生活息息相关。社会的发展日新月异，变化万千，与生活相关的食品、饮料、服装等也随之变化。随着科学技术的发展、手段的更新，化学学科也获得长足发展，人类生活与化学相关的诸多方面都在一定程度上或多或少地享受着化学学科发展带来的便利。

(1) 化学学科的发展

化学的研究范围非常广泛，按照其研究对象和研究目的的不同，化学已经从其经典的四个学科分类，发展到了现在的七大分支学科，未来将会有更多的分支学科。

化学学科的发展中先与数学、物理学等交叉融合，形成了计算化学、物理化学等分支，后又与生物学、医学、考古学、天文学等学科相互交叉渗透，形成生物化学、酶化学等。学科之间的交叉融合，不局限于 2 个学科，还出现多学科交叉融合。目前一般认为化学有 7 大分支学科，其中一种分类如下。

① 无机化学，包括普通无机化学、元素化学、无机合成化学、无机固体化学、配位化学、生物无机化学、金属有机化学等。

② 有机化学，包括普通有机化学、天然有机化学、有机合成化学、金属有机化学、物理有机化学、生物有机化学、有机分析化学等。

③ 物理化学，包括热化学、化学热力学、结构化学、化学动力学、胶体化学等。

④ 分析化学，包括化学分析、仪器分析、化学测量学等。

⑤ 高分子化学，包括天然高分子化学、高分子合成化学、高分子物理化学、高分子物理等。

⑥ 核化学，包括放射性元素化学、放射分析化学、辐射化学、核化学等。

⑦ 生物化学，包括普通生物化学、植物化学、免疫化学、发酵和生物工程、食品化学等。

⑧ 其他与化学有关的边缘学科，包括地球化学、海洋化学、大气化学、环境化学、宇宙化学、星际化学等。

化学和周边学科的融合交汇形成了许多的周边交叉学科，这些交叉学科都是一些新兴的领域，随着理论和技术的发展与完善，将会带动人们生活中的共同进步和发展。

(2) 化学在生活中的作用和地位

化学作为实验性学科，在社会发展中起着非常重要的推动作用，但在人们的认知中存在较大分歧。有人认为化学带来污染，不应当发展化学；有人认为化学为社会带来诸多好处，应当大力推进化学，使化学能够为人类做出更大的贡献。这其实就是事物发展的两个方面，看待问题应当全面，不应以偏概全。实事求是地讲，化学的发展是促进社会发展的直接动力之一。

在人类赖以生存的环境中，方方面面都与化学存在联系。从人们吃的食物到住所所用材料，无一不与化学有关。

首先从人们的生存环境来看。人们呼吸所需要的氧气，是在长时间内地球的生物演化，以及地球上绿色植物共同作用的结果，这一切的变化过程都包含着化学变化。人们生活中，吃的各种食物富含人体所需的各种化学元素；现代农药的发展保障了在土地资源短缺的情况下，保障了当今世界 60 多亿人的存活；穿的各种材质的面料，五颜六色的衣服，都是通过化学手段或包含化学反应的过程获得的，尤其是化学工业的染色满足了人们对色彩的需求，化学合成工业满足了人们对特殊材质布料的需求。从人们的平均寿命来看，随着现代医药行业的发展和进步，人们的平均寿命都得到了延长，并且在疾病袭来之时，以化学为基础的制药行业有效地减轻了人们的痛苦，提升了人们的生活质量。人们居住的环境也离不开化学，从表面看无法看出建筑材料的材质，但随着化学的发展，推动着新材料的诞生，人们才能居住在满意的环境中。

其次从社会发展角度来看。当今社会的交通得到高速发展，从各种交通工具的螺钉到控制器，都离不开化学的支撑；从高强度水泥到水底建造用水泥都有化学的身影；现代农业的发展，离不开化学工业为其解决农产品保鲜、土壤增肥、控制病虫害等问题；现代食品工业的发展亦无法离开化学而存在，其加工的原料本身就与化学相关，还有多种多样的风味调节剂、抗氧化剂等，都离不开化学基础。总之，社会上各行各业的所有商品，都离不开化学。化学在人类生活中广泛存在，而且影响巨大。

总之，化学与国民经济各个部门都有着密切的联系。它既是一门实用科学，又是一门理论科学，它在整个自然科学中的关系和地位非常重要。化学知识是化学工作者的需求，也是广大人民的需要，化学知识的普及不但可以提高公民的科学素养，还可以让公民生活得更健康、生活得更美好。

(3) 日用品化学的研究内容

人类生活的空间中充满化学的气息，日用品化学是探讨和研究日常生活中所接触用品中的化学知识。本书从食品到装修用品，包括吃、住、穿、饰等相关用品中的化学知识，共九章。考虑到日用品化学研究对象的广泛性，因此本书只对日常用品中的化学知识进行介绍，并不作深层次的讨论。本书适合作为相关专业人员扩大知识面、了解化学知识的科普读物。

总之，化学科学来源于生产，其产生和发展与人类最基本的生产活动紧密相联，人类的衣食住行也无不与化学科学密切相关，化学元素和化学物种是人类赖以生存的物质宝库。人类社会和经济的飞速发展给化学科学提供了极为丰富的研究对象与物质技术条件，开辟了广阔的研究领域。化学科学来源于生产，反过来又促进了生产的进步。在应对社会发展所面临的人口、资源、能源、粮食、环境、健康等各种问题的严峻挑战中，化学科学都发挥了不可缺少的重要作用，做出了杰出的贡献。化学科学的发展正是这样把巨大的自然力和自然科学并入生产过程，推动了生产的迅猛发展。

第1章 食品与化学

食品指被加工过的食物，在日常语境下也指一切食物。食物一般指含有营养素的可食用物料。食品作为支撑人类生存的必需品，随着时代的发展，其范围不断拓宽，人们对食品的要求也更加多元化。各种食品的成分各不相同，且作用也不一致。大多数人对食品中各类成分了解较少，通过本章的学习可以让人们了解食品中的各种化学成分及作用，了解如何从食品中获取展开生命活动所必需的、足够的能量和营养，从而提升人们生活的幸福感和满足感。通过对食品中化学成分以及相关化学知识的学习能够进一步提高人类的生活质量。

1.1 食品的概念及化学成分

各国食物的构成与各国地域、历史、喜好、民族的文化传统等有关。根据我国的实际情况，将食物分为主食和副食两类。又因地域的不同，对主食的喜好不同，比如南方喜爱大米，北方喜爱面食等。虽然食品种类繁多，受地域影响大，但是食品的化学成分都可以分为天然成分和非天然成分。天然成分包括蛋白质、糖、维生素等；非天然成分包括食品添加剂和污染物。人们在了解食品时，从物质结构层面上进一步了解食品的化学成分和结构，对人们的生活是有利的，能够使人们更好地利用食物。

1.1.1 食品的概念

一般情况下，人们会将所有能吃的东西都笼统地称为食品。在食品领域，更为专业的定义是将加工后的食物称为食品。《中华人民共和国食品卫生法》规定，食品是指“各种供人食用或者饮用的成品和原料以及按照传统既是食品又是药品的物品，但是不包括以治疗为目的的物品”。作为一种概念上的区别，存在着食物包含食品的关系。尤其要注意的是，除部分药食同源的中药材外，其他具有治疗疾病作用的膳疗食品不属于食品。

1.1.2 食品的化学成分

食品的化学成分相当复杂，按照化学对物质的分类，食品属于混合物。食品的有些成分来自于原料，有些是加工过程中人为添加的，也有由于储存不当污染带来的，还有可能是由包装材料引起的。所以对食品成分按照来源分类，可分为内源性和外源性，有些也称为天然成分和非天然成分。

一般可以将食品划分为内源性物质成分和外源性物质成分两大部分。其中，内源性物质成分是食品本身所具有的成分，而外源性物质成分则是在食品从加工到摄食全过程中进入的成分。

内源性物质成分分为两大类，即无机成分和有机成分。无机成分包括水和无机质两种，有机成分则包括蛋白质（氨基酸）、碳水化合物（含纤维素）、酯类化合物、维生素、激素、色素成分、香气成分、呈味成分和有毒成分等。

外源性物质成分分为食品添加剂和污染物质两大类，一般情况下，在食品中所占比例很小，但是其对食品的影响却是很大的。

上述的食品成分划分方式不是根据物质的化学结构进行划分的，而是从食品与营养角度出发，把具有相同或相类似功用的成分划分为一种类别，因此无法总结得到其相同的化学性质。为了方便对物质性质进行介绍，本书将食品的成分划分为水、蛋白质、脂类、碳水化合物（不含纤维素）、膳食纤维素（俗称纤维）、矿物质和维生素 7 种。

1.1.2.1 水

水分子是由 2 个氢原子和 1 个氧原子组成的，其化学式为 H_2O，化学组成固定。在人体中水约占体重的 60%～70%，水不属于营养成分，但是人体必需的化学物质。

1.1.2.2 蛋白质

（1）蛋白质的构成

蛋白质是构成生命的物质基础。组成蛋白质的基本单位是氨基酸，氨基酸通过脱水缩合形成肽链。氨基酸是同时带有氨基、羧基的有机物，氨基位于羧基的 α 位，则为 α-氨基酸。蛋白质是由一条或多条多肽链组成的生物大分子，每一条多肽链有 20 至数百个氨基酸残基（图 1-1）。

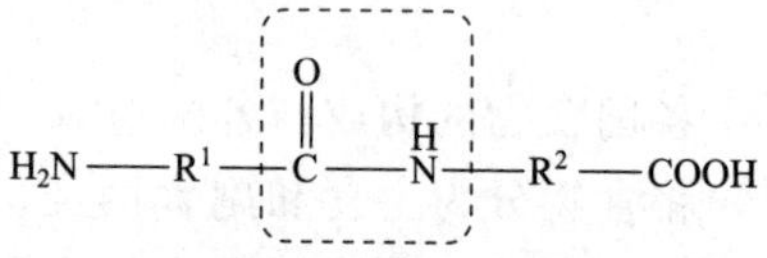

$H_2N—R^1—C(=O)—N(H)—R^2—COOH$

图 1-1 氨基酸结合的肽键

蛋白质通常由 20 多种氨基酸组成，氨基酸组成的种类、数量和排列顺序不同，使人体中的蛋白质多达 10 万种以上。蛋白质的结构、功能千差万别，形成了生命的多样性和复杂性。蛋白质作为人体不可缺少的营养成分约占人体组织的 20%，每天约有 3%的蛋白质参与新陈代谢，完成人体的各种生理活动。

在营养学上，氨基酸分为必需氨基酸和非必需氨基酸两类。必需氨基酸指的是人体自身不能合成或合成速度不能满足人体需要，必须从食物中摄取的氨基酸。对成人来说，这类氨基酸有 8 种，包括赖氨酸、蛋氨酸、亮氨酸、异亮氨酸、苏氨酸、缬氨酸、色氨酸和苯丙氨酸。对婴儿来说，组氨酸也是必需氨基酸。

非必需氨基酸并不是说人体不需要这些氨基酸，而是说人体可以自身合成或由其他氨基酸转化得到，不一定非从食物中直接摄取不可。这类氨基酸包括谷氨酸、丙氨酸、精氨酸、甘氨酸、天门冬氨酸、胱氨酸、脯氨酸、丝氨酸和酪氨酸等。有些非必需氨基酸如胱氨酸和酪氨酸如果供给充足，可以节省必需氨基酸中蛋氨酸和苯丙氨酸的需要量。

表 1-1 是 20 种常见 α-氨基酸的结构。

表 1-1　20 种常见 α-氨基酸的结构

序号	名称	结构式	序号	名称	结构式
1	甘氨酸	$H_2C-COOH$ NH_2	11	谷氨酰胺	O ‖ $NH_2-C-(CH_2)_2CH-COOH$ NH_2
2	丙氨酸	$H_3C-HC-COOH$ NH_2	12	赖氨酸	$NH_2-(CH_2)_4-CH-COOH$ NH_2
3	缬氨酸	H $H_3C-C-HC-COOH$ CH_3 NH_2	13	精氨酸	$NH_2-C-NH-(CH_2)_3-CH-COOH$ ‖ NH　NH_2
4	亮氨酸	$CH_3-CH-CH_2-CH-COOH$ CH_3　NH_2	14	天门冬氨酸	$HOOC-CH_2-CH-COOH$ NH_2
5	异亮氨酸	$CH_3-CH_2-CH-CH-COOH$ CH_3 NH_2	15	谷氨酸	$HOOC-(CH_2)_2-CH-COOH$ NH_2
6	丝氨酸	$HO-CH_2-CH-COOH$ NH_2	16	苯丙氨酸	$-CH_2-CH-COOH$ NH_2
7	苏氨酸	$HO-CH-CH-COOH$ CH_3 NH_2	17	酪氨酸	HO　$-CH_2-CH-COOH$ NH_2
8	半胱氨酸	$HS-CH_2-CH-COOH$ NH_2	18	色氨酸	$-CH_2-CH-COOH$ N　NH_2 H
9	蛋氨酸	$CH_3S-CH_2-CH_2-CH-COOH$ NH_2	19	组氨酸	$-CH_2-CH-COOH$ N　NH　NH_2
10	天冬酰胺	O ‖ $NH_2-C-CH_2-CH-COOH$ NH_2	20	脯氨酸	H $H_2C-C-COOH$ NH H_2C-H_2C

（2）蛋白质的特性

① 蛋白质变性。生物大分子的天然构象遭到破坏导致其生物活性丧失的现象。蛋白质在受到光照、热、有机溶剂以及一些变性剂的作用时，次级键受到破坏，导致天然构象被破坏，使蛋白质的生物活性丧失。蛋白质的变性包括永久性变性和暂时变性，永久性变性无法复性，而暂时变性可以复性。

② 蛋白质复性。在一定的条件下，变性的生物大分子恢复成具有生物活性的天然构象的现象。

（3）常见蛋白质

① 肌红蛋白。是由一条肽链和一个血红素辅基组成的结合蛋白，是肌肉内储存氧的蛋白质，它的氧饱和曲线为双曲线型。

② 血红蛋白。是由含有血红素辅基的 4 个亚基组成的结合蛋白。血红蛋白负责将氧气

由肺运输到外周组织，它的氧饱和曲线为S形。

③ 胶原（蛋白）。是动物结缔组织中最丰富的一种蛋白质，它由原胶原蛋白分子组成。原胶原蛋白是一种具有右手超螺旋结构的蛋白。每个原胶原分子都是由3条特殊的左手螺旋（螺距0.95nm，每一圈含有3.3个残基）的多肽链右手旋转形成的。

④ 球蛋白。其基本结构是由两条重链和两条轻链构成，由二硫键进行连接。重链由450～550个氨基酸组成，轻链由214个氨基酸组成，分子量约在80000～100000（千道尔顿）。典型的球蛋白具备免疫识别功能。

⑤ 纤维蛋白。一类主要的不溶于水的蛋白质，通常都含有呈现相同二级结构的多肽链。许多纤维蛋白结合紧密，并为单个细胞或整个生物体提供机械强度，起保护或结构上的作用。

⑥ 角蛋白。其空间结构有α-螺旋和β-折叠两种构象，是不溶于水的起保护或结构作用的蛋白质。角蛋白属于纤维蛋白家族，存在于毛、发、羽、爪、蹄、角等部位，能保护上皮细胞免受损伤。

⑦ 伴娘蛋白。与一种新合成的多肽链形成复合物并协助它正确折叠成具有生物功能构象的蛋白质。伴娘蛋白可以防止不正确折叠中间体的形成和没有组装的蛋白亚基的不正确聚集，协助多肽链跨膜转运以及大的多亚基蛋白质的组装和解体。

（4）蛋白质的生理功能

① 构造人的身体。蛋白质是肌体细胞的重要组成部分，是人体组织更新和修补的主要原料。人体的每个组织如毛发、皮肤、肌肉、骨骼、内脏、大脑、血液、神经等都是由蛋白质组成的。

② 修补人体组织。人的身体由百兆亿个细胞组成，它们处于永不停息的衰老、死亡、新生的新陈代谢过程中。例如年轻人的表皮28天更新一次，而胃黏膜两三天就要全部更新。所以一个人如果蛋白质的摄入、吸收、利用都很好，那么皮肤就是有光泽且有弹性的。反之，人则经常处于亚健康状态。组织受损后，包括外伤，不能得到及时和高质量的修补，便会加速机体衰退。

③ 维持肌体正常的新陈代谢和物质输送。载体蛋白对维持人体的正常生命活动是至关重要的，可以在体内运载各种物质。例如血红蛋白输送氧，脂蛋白转运脂肪酸，膜转运蛋白转运代谢产物和养分等。

④ 免疫细胞和免疫蛋白。白细胞、淋巴细胞、巨噬细胞、抗体（免疫球蛋白）、补体、干扰素等七天更新一次。当蛋白质充足，且在需要时，数小时内它们可以增加达100倍。

⑤ 构成人体必需的各种酶。人体内有数千种酶，每一种只能参与一种生化反应。人体细胞里每分钟要进行一百多次生化反应。酶有促进食物的消化、吸收、利用的作用。相应的酶充足，反应就会顺利、快捷地进行，人们就会精力充沛，不易生病。否则，反应就变慢或者被阻断。

⑥ 激素的主要原料。胰岛素由51个氨基酸分子合成；生长素由191个氨基酸分子合成。

⑦ 构成神经传递质乙酰胆碱、五羟色胺等；维持神经系统的正常功能，如味觉、视觉和记忆。

⑧ 维持体内电解质平衡。白蛋白能维持机体内渗透压的平衡及体液平衡。

⑨ 提供热能。每克蛋白质可提供16.75J的热能。

(5) 食物中的蛋白质

在自然界中有丰富的富含蛋白质的食物，依据食物的来源可以分为动物蛋白和植物蛋白。这两种来源的蛋白质是人类生活中获取蛋白质的重要来源。

① 动物蛋白。常见的动物蛋白有乳蛋白、肌肉蛋白、卵蛋白。牛乳蛋白是最常见的乳蛋白，其主要含有酪蛋白和乳清蛋白，在牛乳中酪蛋白与乳清蛋白的比例大约为4∶1。牛奶中含有人体不能合成的8种必需氨基酸。1L牛奶能够提供一个成年人一天所必需的氨基酸。肌肉蛋白主要来源于家禽等肉制品中，含蛋白量在10%～20%之间。日常消费的卵蛋白以鸡蛋蛋白为主，鸡蛋蛋白包含蛋清蛋白质和蛋黄蛋白质。蛋清蛋白质中有卵清蛋白（约占54%～69%）、伴清蛋白（约占9%）、卵类黏蛋白（约占11%）、溶菌酶（占3%～4%）和卵黏蛋白（约占2%～2.9%）。蛋黄除去约50%的水分以外剩下大量的蛋白质和脂肪，二者的比例约为1∶2，其中蛋白质有卵黄蛋白、卵黄磷蛋白和脂蛋白等。值得提醒人们的是鸡蛋中还含有一种特殊的蛋白质，称为过敏原蛋白。目前从鸡蛋中发现四种蛋白质成分能与人类血清结合产生过敏反应，分别是卵白蛋白、卵类黏蛋白、卵转铁蛋白和溶菌酶，其中卵类黏蛋白在对鸡蛋白过敏的病人血清中被检测发现，是致敏性最强的一种。

② 植物蛋白。常见的有大豆蛋白质、小麦蛋白质。大豆蛋白质在大豆中约占40%，其氨基酸的组成与牛奶蛋白成分接近，在营养价值上与动物蛋白等同，因此由大豆蛋白制成的饮品又被称为“绿色牛奶”。大豆蛋白可以分为白蛋白和球蛋白，白蛋白约占5%，球蛋白约占90%。小麦蛋白质是谷物蛋白质中最为重要的一种，其中白蛋白和球蛋白占小麦胚乳蛋白质的10%～15%，而麦醇蛋白和麦谷蛋白则占了小麦蛋白总量的80%。由醇蛋白和谷蛋白构成小麦中特有的面筋蛋白，其中谷氨酰胺和脯氨酸含量高。

1.1.2.3 脂类

脂类是脂肪和类脂的总称，是人体必需的重要营养素之一。食物中的脂类主要是油和脂肪，一般把常温下是液体的称作油，而把常温下是固体的称作脂肪。脂肪在多数有机溶剂中溶解（如乙醚、石油醚、氯仿、丙酮等），但不溶于水。

营养学上重要的脂类有脂肪（即三酰甘油或甘油三酯）、磷脂和固醇类。食物中的脂类95%是三酰甘油，5%是其他脂类。人体内贮存的脂类中，三酰甘油占比高达99%。

脂肪是甘油和脂肪酸组成的三酰甘油酯，其中甘油的分子比较简单，而脂肪酸的种类和长短却不相同。因此脂肪的性质和特点主要取决于脂肪酸，不同食物中的脂肪所含有的脂肪酸种类和含量不一样。自然界中有40多种脂肪酸，因此可形成多种脂肪酸甘油三酯。

(1) 人体内脂类物质的生理功能

① 构成机体组织，如皮下脂肪、脏器周围的脂肪以及构成生物膜。

② 保护作用。脂肪组织对体内的器官有支撑衬垫作用，可保护内脏器官，减小内脏受外力冲击而受伤的可能性。

③ 维持人体体温。皮下脂肪具有保温隔热作用，维持体温的正常。

④ 储存能量。脂肪是人体能量来源之一，为人类正常生理活动提供能量，同时将多余的能量以脂肪的形式储存起来。

⑤ 内分泌作用。随着研究的深入，脂肪组织的内分泌功能逐渐受到重视，脂肪组织分泌的因子有肿瘤坏死因子、白细胞介素等，对机体有重要作用。

⑥ 合成激素原料。胆固醇是体内合成维生素D、胆汁酸、肾上腺皮质激素和性激素的

原料。此外，磷脂和胆固醇与神经兴奋的传导有关。

(2) 食物脂类的生理功能

① 增加饱腹感。刺激产生肠抑胃素，使肠蠕动减慢。

② 改善食物感官性状。增加食物的色、香、味；促进食欲；用油脂烹调加热后温度高，缩短食物的成熟时间，使原料保持鲜嫩。

③ 提供必需脂肪酸。人体所需的部分脂肪酸不能自身合成，因此通过食物摄取必需脂肪酸是人体获取必需脂肪酸的有效途径。

④ 促进脂溶性维生素吸收。人体在吸收脂溶性维生素（维生素 A、维生素 D、维生素 E、维生素 K 等）时，脂肪能帮助此类维生素的消化、吸收和转运，有利于人体吸收和利用。

(3) 食物脂类营养价值评价

主要从消化率、必需脂肪酸含量、脂溶性维生素含量和脂类稳定性四个方面进行评价。

① 消化率。在正常情况下，一般脂类都是容易消化和吸收的。例如，婴儿膳食中的乳脂吸收最为迅速。食草动物的体脂，含硬脂酸多，较难消化。植物油的消化率相对较高。

② 必需脂肪酸的含量。食品中豆油、花生油、米糠油及玉米油等含亚油酸、亚麻酸等多不饱和脂肪酸较高，因此，从营养学的角度看这类食物的营养价值高，且对人体有益。

③ 脂溶性维生素的含量。脂溶性维生素有维生素 A、维生素 D、维生素 E、维生素 K 等。维生素 A 和维生素 D 存在于多数食物的脂肪中，以鲨鱼肝油中的含量最多，奶油次之，猪油内不含维生素 A 和维生素 D。维生素 E 广泛分布于动植物组织内，其中以植物油类含量最高。

④ 脂类的稳定性。稳定性的大小与不饱和脂肪酸的多少和维生素 E 的含量有关。不饱和脂肪酸是不稳定的，容易氧化酸败。维生素 E 有抗氧化作用，可防止脂类酸败。

1.1.2.4 碳水化合物

碳水化合物亦称糖类化合物，是自然界存在最多、分布最广的一类重要的有机化合物。碳水化合物由 C（碳）、H（氢）、O（氧）三种元素组成，分子中 H 元素和 O 元素的比例通常为 2∶1，与水分子中的比例一样，可用通式 $C_m(H_2O)_n$ 表示，因此，曾把这类化合物称为碳水化合物。但是后来发现有些化合物按其构造和性质应属于糖类化合物，可是它们的组成并不符合 $C_m(H_2O)_n$ 通式，如鼠李糖（$C_6H_{12}O_5$）、脱氧核糖（$C_5H_{10}O_4$）等；而有些化合物如乙酸（$C_2H_4O_2$）、乳酸（$C_3H_6O_3$）等，其组成虽符合通式 $C_m(H_2O)_n$，但结构和性质却与糖类化合物完全不同。所以，碳水化合物这个名称并不确切，不能反映该类化合物的结构特征，但因使用已久，迄今仍在沿用。

(1) 分类

依据碳水化合物是否能水解以及水解后的成分，可将其分为单糖、低聚糖（寡糖）和多糖。

① 单糖。分子结构最简单［通式为 $(CH_2O)_n$］，是通常情况下不能再水解的糖类。一般不经过消化道分解，在小肠中可以直接被人体吸收。常见的有葡萄糖、果糖、半乳糖。按照单糖分子结构又可分为醛糖和酮糖。按照分子中碳原子数目可分为丙糖、丁糖、戊糖、己糖等。常见单糖的结构见图 1-2。

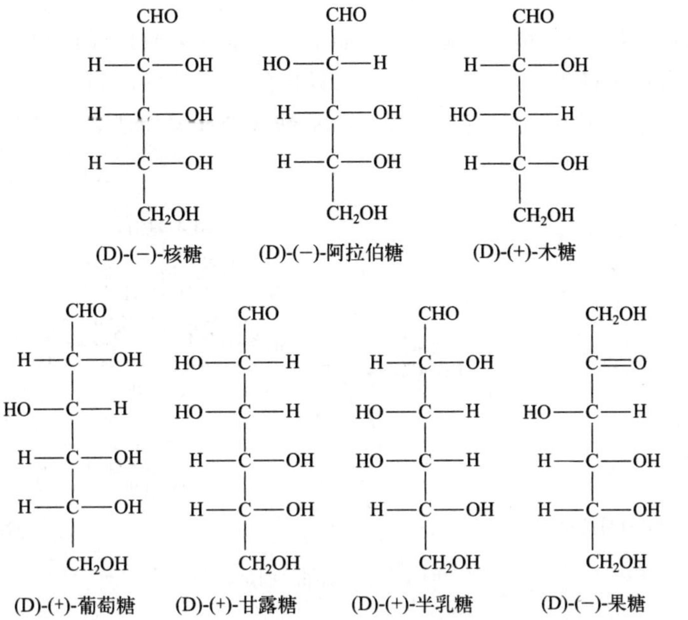

(D)-(−)-核糖
(D)-(−)-阿拉伯糖
(D)-(+)-木糖
(D)-(+)-葡萄糖
(D)-(+)-甘露糖
(D)-(+)-半乳糖
(D)-(−)-果糖

图 1-2　常见单糖的结构式

② 低聚糖，又称寡糖。由 2～10（糖单位≥2 和<10）个单糖分子聚合而成的糖类，如蔗糖、麦芽糖、乳糖等（结构见图 1-3）。在低聚糖中，有一部分能被人体中的酶分解成单糖，被人体吸收；还有一部分不能被人体中的酶分解，人体对它难以消化吸收，目前已知的有棉籽糖、水苏糖、异麦芽低聚糖、低聚果糖、低聚甘露糖、大豆低聚糖等，其甜度通常只有蔗糖的 30%～60%。人们利用某些低聚糖不能被人体分解的特点，用在糖尿病人、高血压病人及肥胖病人的食品中。因此，这部分低聚糖被誉为 21 世纪食品工业的希望之星，是最有前途的产业之一。

蔗糖
α-麦芽糖
β-纤维二糖
α-乳糖

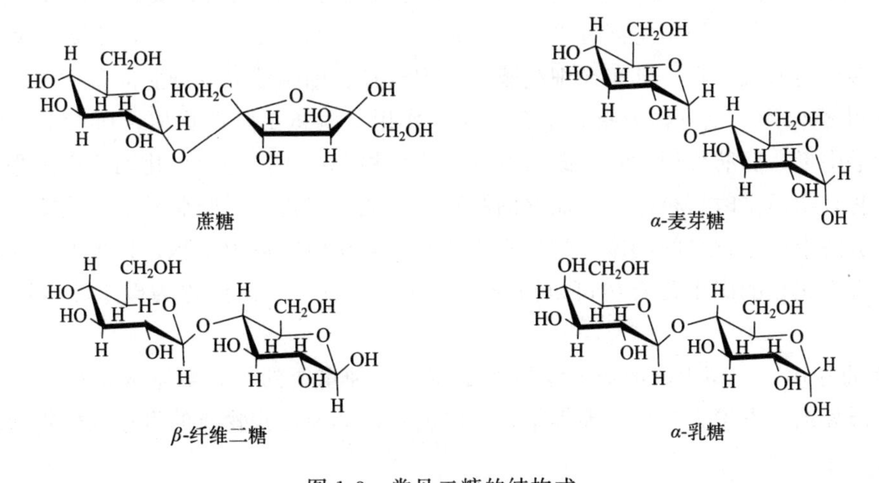

图 1-3　常见二糖的结构式

③ 多糖。由 10 个以上单糖分子聚合而成，通常由几百到几千个单糖分子组成。多糖在性质上与单糖和低聚糖不同，一般不溶于水，无甜味，也不能被人体直接吸收，必须在酶的帮助下，在肠胃中分解成单糖，才能被我们身体所利用。多糖可分为淀粉和非淀粉多糖。按

照其水解情况可以分为均多糖和杂多糖。均多糖是指水解后只有一种单糖，如淀粉、糖原等；杂多糖的水解产物中有多种单糖存在，如半纤维素、果胶质和糖胺聚糖等。

天然淀粉是由葡萄糖聚合而成的，一般由外层的支链淀粉和内层的直链淀粉组成，其比例约为 85：15。直链淀粉中的葡萄糖是以 α-1,4-糖苷键连接而成，支链淀粉包含 α-1,4-糖苷键和 α-1,6-糖苷键（图 1-4）。

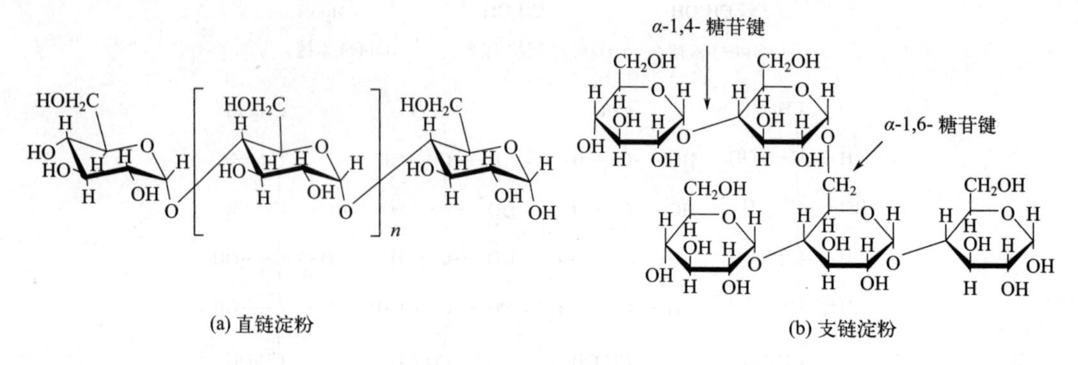

图 1-4　淀粉的结构式

④ 其他类糖成分——糖醇。是单糖的重要衍生物，常见的有山梨醇、甘露醇、木糖醇、麦芽糖醇等。

（2）碳水化合物的生理功能

碳水化合物是生命细胞结构的主要成分及主要供能物质，并且有调节细胞活动的重要功能。

① 供给和储存能量。每克葡萄糖在体内氧化可以产生约 16.7kJ（4kcal）的能量。维持人体健康所需要的能量中，55%～65%由碳水化合物提供。碳水化合物在体内释放能量较快，是神经系统和心肌的主要能源，也是肌肉活动时的主要燃料。

② 构成组织及重要生命物质。碳水化合物是构成机体组织的重要物质，并参与细胞的组成和多种活动。每个细胞中都有碳水化合物，其含量约为 2%～10%，主要以糖脂、糖蛋白和蛋白多糖的形式存在，分布在细胞膜、细胞器膜、细胞液以及细胞间基质中。

③ 抗生酮作用，也可称为脂肪水解的缓冲作用。酮体是酸性物质，血液中酮体浓度过高会发生酸中毒，脂肪代谢过程中必须有碳水化合物存在才能完全氧化而不产生酮体。当食物中碳水化合物不足时，机体动员储存的脂肪来供能，但机体对脂肪酸的氧化能力有限，多余脂肪在分解中产生过多的酮体，酮体不能及时被氧化而在体内蓄积，以致产生酮血症和酮尿症。膳食中充足的碳水化合物可以防止上述现象的发生，因此称为碳水化合物的抗生酮作用。

④ 解毒作用。经糖生成的葡萄糖醛酸是体内一种重要的结合解毒剂，在肝脏中能与许多有害物质如细菌毒素、酒精、砷等结合，以消除或减轻这些物质的毒性或生物活性，从而起到解毒作用。

（3）碳水化合物的代谢

碳水化合物要水解（消化）成单糖才能被吸收。麦芽糖、乳糖、蔗糖、麦芽低聚糖都能被消化。

① 口腔消化。口腔唾液淀粉酶水解淀粉的产物是葡萄糖、麦芽糖、异麦芽糖、麦芽

寡糖以及糊精等的混合物。但食物在口腔中停留时间短暂，以致唾液淀粉酶的消化作用不大。

② 胃内消化。唾液淀粉酶在胃内能持续作用一段时间使淀粉和低聚糖再消化；胃液中不含任何能水解碳水化合物的酶，其所含的胃酸虽然作用很强，但对碳水化合物也只可能有微少或极局限的水解，故碳水化合物在胃中消化量很少。

③ 肠内消化。碳水化合物的消化主要是在小肠中进行。小肠内消化分为肠腔消化和小肠黏膜上皮细胞表面上的消化。极少部分非淀粉多糖可在结肠内通过发酵消化。

(4) 碳水化合物的吸收

碳水化合物经过消化变成单糖后才能被细胞吸收。糖吸收的主要部位是在小肠的上段。

(5) 碳水化合物的食物来源

碳水化合物是机体能量最经济的来源，尤其是淀粉。食物中碳水化合物来源有五大类，即谷物、蔬菜、水果、奶和糖。植物性食物是碳水化合物的主要来源，而在植物中，谷类则是人类可利用的碳水化合物最主要的来源。膳食淀粉的来源主要是粮谷类（大米、面粉、小米等）和薯类（红薯、马铃薯、藕等）食物。动物性食物中只有奶能提供一定数量的碳水化合物。

1.1.2.5 膳食纤维

膳食纤维指的是凡是不能被人体内源酶消化吸收的可食用植物细胞、多糖、木质素以及相关物质的总和。主要来自于植物的细胞壁，包含纤维素、半纤维素、树脂、果胶及木质素等。

(1) 分类

根据其水溶性的不同，膳食纤维分为水溶性纤维与非水溶性纤维。水溶性纤维包括树脂、果胶和一些半纤维素，来自常见的食物，如大麦、豆类、胡萝卜、柑橘、亚麻、燕麦和燕麦糠等。非水溶性纤维包括纤维素、木质素和另一些半纤维素，来自食物小麦糠、玉米糠、芹菜、果皮和根茎蔬菜等。

(2) 膳食纤维的种类及化学组成

① 半纤维素。由多种不同糖残基组成的一类多糖，主要由木糖、半乳糖或甘露糖聚合而成，支链上带有阿拉伯糖和半乳糖。

② 果胶。由半乳糖醛酸以α-1,4-糖苷键连接而成的聚合物，通常部分半乳糖醛酸的羧基位甲氧化，主链上连有少量的鼠李糖。

③ 木质素。由苯基丙烷衍生物的单体构成的聚合物，构成木质素的单体主要是松柏醇、丁香醇和对羟基苯甲醇3种苯基丙烷衍生物。

④ 壳聚糖。甲壳素脱乙酰基后的产物，由N-氨基葡萄糖单体通过β-1,4-糖苷键连接成的直链高分子多糖。

(3) 膳食纤维的生理功效

① 防治便秘。一方面，膳食纤维体积大，可促进肠蠕动，减少食物在肠道中的停留时间，其中的水分不容易被吸收；另一方面，膳食纤维在大肠内经细菌发酵，纤维中的水分被直接吸收，使大便变软，产生通便作用。

② 利于减肥。一般体重超标大都与食物中热能摄入增加或体力活动减少有关。而提高膳食中膳食纤维含量，可使摄入的热能减少，在肠道内营养的消化吸收也下降，最终使体内

脂肪消耗从而起到减肥作用。

③ 预防结肠癌和直肠癌。这两种癌的发生主要与致癌物质在肠道内停留时间长，和肠壁长期接触有关。增加膳食中纤维含量，使致癌物质浓度相对降低，加上膳食纤维有刺激肠蠕动的作用，致癌物质与肠壁接触时间大大缩短。研究发现，长期以高动物蛋白为主的饮食，再加上纤维素摄入不足，是导致这两种癌的重要原因。

④ 防治痔疮。痔疮的发生是因为大便秘结而使血液长期阻滞与淤积。由于膳食纤维的通便作用，可降低肛门周围的压力，使血流通畅，从而起防治痔疮的作用。

⑤ 降低血脂，预防冠心病。由于膳食纤维中有些成分如果胶可结合胆固醇，木质素可结合胆酸，使其直接从粪便中排出，从而消耗体内的胆固醇来补充胆汁中被消耗的胆固醇，因此降低了胆固醇，从而有预防冠心病的作用。

⑥ 改善糖尿病症状。膳食纤维中的果胶可延长食物在肠内的停留时间、降低葡萄糖的吸收速度，使进餐后血糖不会急剧上升，有利于糖尿病病情的改善。近年来，经学者研究表明，食物纤维具有降低血糖的功效，因此，糖尿病膳食中长期增加食物纤维，可降低胰岛素需要量，控制进餐后的代谢，可作为糖尿病治疗的一种辅助措施。

⑦ 改善口腔及牙齿功能。现代人由于食物越来越精，且越来越柔软，使用口腔肌肉和牙齿的机会越来越少，因此，牙齿脱落，龋齿出现的情况越来越多。增加膳食中的纤维素，自然增加了使用口腔肌肉和牙齿咀嚼的机会，长期下去，会使口腔得到保健，功能得以改善。

⑧ 防治胆结石。胆结石的形成与胆汁中胆固醇含量过高有关，由于膳食纤维可结合胆固醇，促进胆汁的分泌、循环，因而可预防胆结石的形成。

⑨ 预防妇女乳腺癌。据流行病学发现，乳腺癌的发生与膳食中高脂肪、高糖、高肉类及低膳食纤维摄入有关。因为体内过多的脂肪促进某些激素的合成，导致激素之间不平衡，使乳房内激素水平上升，从而导致乳腺癌。

1.1.2.6 矿物质

已知构成生物体的元素有70多种，除碳、氢、氧、氮主要以有机化合物的形式存在外，生物体内其他金属和非金属元素统称为矿物质或无机盐。尽管人和动物体内矿物质总量不超过其体重的4%～5%，但它们是人和动物维持健康必不可少的营养素。矿物质不能在体内合成，只能从体外获得，人体所需的矿物质可来源于食物、饮水和食盐。

（1）矿物质分类

人体所需矿物质的种类很多，一般按照其在体内含量和对人体健康的影响进行分类。

① 根据对人体作用的不同，矿物质可分为必需元素、非必需元素和有毒（有害）元素。必需的微量元素是指维持人体健康所必需的元素，缺乏时可使机体组织和功能出现异常，补充后即可恢复正常，常见的有14种，即铁、铜、钴、铬、氟、碘、锰、钼、硒、锌、硅、镍、钒、锡；非必需元素在缺乏时，由其他元素进行替代亦可完成生理活动；有毒元素（又称有害元素）一般指在人体内能表现出明显毒害作用的元素，通常指一些重金属（如铅、汞、镉）和非金属（如砷）。

② 按其在体内含量高低，矿物质可分为常量元素和微量元素。常量元素又称大量元素或宏量元素，它们在人体内含量较多，占人体总重量的0.01%以上，共有11种元素，包括碳、氢、氧、氮、钾、钠、钙、镁、磷、硫、氯，其中碳、氢、氧、氮4种元素占人体重量

的96.6%。微量元素也叫痕量元素，在人体内含量很低，约占人体总重量的0.01%以下，而且均在低浓度下才具有生理作用。1973年世界卫生组织公布了14种人体必需微量元素，包括铁、铜、锰、锌、钴、钼、铬、镍、钒、氟、硒、碘、硅、锡。

随着人们接触和使用的材料、设备、工作性质等差异，部分元素在人体内分布也存在差异，伴随分析手段的革新和进步，也许人体内将有更多的元素被发现。

（2）矿物质的生理功能

人体是由许多元素组成的，它们在人体内的含量与长期生活地区的土壤、水、食物和空气中的含量密切相关。特别是微量元素，在土壤、水和食物中含量极微，更易受环境因素的影响。矿物质是构成机体内调节生理功能的重要物质，所以缺乏时就会引起疾病。曾经我国一些地区与水土有关的三大地方病，如地方性甲状腺肿大、克山病和大骨节病就与某些微量元素的缺乏有关。每种元素具有各自特殊的作用，归纳起来主要有以下四个方面的作用。

① 构成机体组织。钙、磷和镁是构成骨骼与牙齿的主要成分，并使骨骼有一定的强度和硬度。磷和硫也是构成组织蛋白的成分。

② 调节功能。矿物质和蛋白质一起维持着细胞内外的渗透压平衡，对体液的贮留和移动起重要作用。

③维持神经和肌肉的兴奋性。例如钾离子、钠离子可提高神经、肌肉的兴奋性；钙离子、镁离子可降低神经肌肉的兴奋性。

④ 组成金属酶或作为酶的激活剂。例如血红蛋白和细胞色素酶系中的铁，甲状腺激素中的碘，谷胱甘肽过氧化物酶中的硒，超氧化物歧化酶中的铜、锌以及碳酸酐酶中的锌等，能参与机体多种生理活动。

（3）食品中矿物质

食物是人类摄入矿物质的主要来源。矿物质的生物学有效性是一个用来衡量食物营养价值的重要指标。

矿物质的生物学有效性是指食品中矿物质实际被机体吸收、利用的程度，它取决于食品中矿物质含量及可吸收程度，并与机体机能状态有关。仅根据食品中矿物质的含量去确定其营养价值是不准确的，还得考虑人体对此种食物中矿物质的吸收和利用情况。例如，众所周知菠菜中含有丰富的铁元素（约5mg/100g），但是人们的消化吸收利用率平均为3%，人们吃100g菠菜实际可能获得的铁元素仅为0.15mg；猪肉中铁含量约为3mg/100g，利用率为15%，实际利用量为0.45mg。一般来说，动物性食物中矿物质的吸收利用程度高于植物性食物，其原因是大多数植物性食物中矿物质含量较低，而且植物性食物中存在的抑制性因子太多，影响吸收。

（4）人体内常见元素简介

① 钠（Na）元素。以离子态存在于细胞外液中，主要起到维持体内渗透压平衡的作用。人主要通过食盐摄入钠。

② 钾（K）元素。以离子态存在于细胞内液中，主要起到维持体内渗透压平衡的作用，同时还能调节体内酸碱平衡，是心脏正常跳动必不可少的元素。体内低钾时心跳过速，高钾时可能心跳过缓，甚至有停跳的风险。含钾丰富的食物有马铃薯、芋头、香蕉等。

③ 钙（Ca）元素。是人体内必需常量元素之一，在成人体内的含量占体重的2%左右。99%的钙都在骨骼和牙齿中。钙可以调控人体正常肌肉收缩和心肌收缩，同时也是细胞信使

和凝血因子的必需成分。血液中Ca^{2+}过多，会导致神经传导和肌肉反应减弱，从而对外部刺激的响应性极差；血液中Ca^{2+}过少，会造成神经和肌肉的超应急性，从而出现过度兴奋的情况，微小刺激就会产生痉挛性抽搐。成年人每日钙的补充量应在0.7g左右，青春期发育的小孩需要1g左右，孕妇也应当多摄入钙。在补钙的同时要补充维生素D，以帮助钙吸收。其食物来源有深绿色的蔬菜、牛奶、豆腐、虾皮、虾米、黑芝麻、芝麻酱、黄花菜、海带、发菜等。

④ 镁（Mg）元素。是人体骨骼和牙齿健康的重要保障，主要以$Mg_3(PO_4)_2$和$MgCO_3$的形式存在。Mg还能调节神经活动，具有强心镇静的作用，还是体内多种酶的激活剂。含镁的食物有米、面、瘦肉、花生、芝麻、香蕉、菠萝、绿叶蔬菜等。

⑤ 铁（Fe）元素。是人体内必需常量元素之一，是血红蛋白的成分，缺乏会造成低血色素贫血、心悸、心动过速、指甲扁平等。女性比男性更易缺铁，因此需要补充，每天约10～15mg。其食物来源有动物肝脏、黑木耳、蔬菜、蛋黄、草莓等。

⑥ 锌（Zn）元素。是胰岛素的成分，是多种酶的组成部分，可促进伤口愈合。锌对儿童发育至关重要，缺乏可能导致儿童发育迟缓、免疫功能低、异食癖等。常见含锌食物有谷物、蔬菜和贝类等。

⑦ 铜（Cu）元素。在人体的多种酶中，Cu与Fe起协同氧化还原作用，形成人体黑色素。Cu有造血、合成酶和血红蛋白等生理功能。缺乏Cu可能出现贫血、心血管损伤、冠心病、关节炎等；过量可能出现黄疸肝炎、肝硬化、胃肠炎等疾病。其食物来源有干果、葡萄干、葵花籽、肝脏等。

⑧ 磷（P）元素。作为人体必需的元素之一，人体内90%的磷是以PO_4^{3-}的形式存在，约有70%～80%的磷和钙、镁以磷酸盐的形式存在于骨骼与牙齿中，其余则形成多种有机磷酸化物存在于细胞中。磷在体内与钙结合成磷酸钙，是构成骨骼和牙齿的主要物质。磷酸的另一个生理功能是形成磷酸酯，在水解时放出能量，提供给细胞，如三磷酸腺苷（ATP）。含磷的食物有蛋、奶、干贝、鱼、豆类、马铃薯、花生等。

⑨ 硒（Se）元素。研究表明硒具有很强的抗氧化、抗癌活性、护心、护肝、保护视力、对重金属解毒等生理功能。硒的抗氧化和保护视力都是通过含硒的谷胱甘肽过氧化酶（GSH-Px）来起效的。其在人体内含量约15mg。硒缺乏能导致人体发作“克山病”和“大骨节病”。国内大多数地区的土壤硒背景含量不高，因此食物中的含硒量也不高，总体来说谷类和豆类含硒量高于水果和蔬菜。虾蟹的含硒量高，但人体吸收利用率不理想。因为硒元素的抗肿瘤活性，现在市面上销售的富硒食品较多，鱼龙混杂，消费者应理性消费。每日硒的摄入量应在50μg左右，摄入过多可能导致脱发、脱甲症，还可能造成神经系统损坏。GSH-Px作为抗氧化酶催化还原型谷胱甘肽（GSH）分解体内的有机过氧化物（ROOH）和过氧化氢（HOOH），反应式见图1-5。

$$2GSH+ROOH \xrightarrow{GSH\text{-}Px} GSSG+ROH+H_2O$$

$$2GSH+HOOH \xrightarrow{GSH\text{-}Px} GSSG+2H_2O$$

图1-5　谷胱甘肽过氧化酶催化分解过氧化物的方程式

⑩ 碘（I）元素。碘是合成甲状腺素的主要成分，甲状腺素包括三碘甲腺原氨酸（T3）和四碘甲腺原氨酸（T4），甲状腺素可以促进许多组织的氧化作用，增加氧的消耗和热能的

产生，促进生长发育和蛋白质代谢。人体缺碘可引起甲状腺素减少，从而引起脑垂体产生的促甲状腺素分泌增加，使得甲状腺肿大，就成为大脖子病。孕期妇女若是严重缺碘，将会导致婴儿患克汀病（又称呆小病）。

碘的食物来源有海产品，如海带、紫菜、海虾、海盐等。我国通过加碘食盐已经基本消除碘缺乏症，现在大脖子病仅偶有发生。社会上也有人质疑加碘食盐是否会引起碘过量，其实在6g/d的食用量时，即使全部摄入才0.12～0.24mg碘，而且在炒菜中碘还原后还会受热挥发一部分，人的摄入量不会超过0.24mg，而人对碘的需求量为0.1～0.2mg/d，因此不会出现碘过量。

1.1.2.7 维生素

维生素是维持机体生命活动过程所必需的一类有机物。各种维生素的化学结构不同，生理功能各异。人体能合成一部分维生素，大部分维生素需从食物中摄取，维生素在生理上既不是构成各种组织的主要原料，也不是体内的能量来源，其主要的功能是通过作为辅酶的成分调节机体代谢。

（1）维生素的命名

常见维生素的命名见表1-2，结构式见图1-6。

表1-2 常见维生素命名

以字母命名		俗名	分子式
维生素A	A_1	视黄醇	$C_{20}H_{30}O$
	A_2	脱氢视黄醇	$C_{20}H_{28}O$
维生素D	D_2	骨化醇	$C_{28}H_{42}O$
	D_3	胆钙化醇	$C_{27}H_{42}O$
维生素E	共8种异构体	生育酚	$C_{29}H_{50}O_2$
维生素K	K_1	叶绿醌	$C_{31}H_{46}O_2$
	K_2	合欢醌	$C_{46}H_{64}O_2$
维生素B	B_1	盐酸硫胺素，抗脚气病维生素	$C_{12}H_{17}N_4OS \cdot HCl$
	B_2	核黄素	$C_{17}H_{20}N_4O_6$
	B_3	烟酸、尼克酸、尼克酰胺、抗癞皮病维生素、维生素PP	$C_6H_5NO_2$
	B_6	吡哆醇	$C_8H_{11}O_3N$
	B_{12}	氰钴胺、钴胺素、氰胺素质、抗恶性贫血病维生素	$C_{63}H_{88}CoN_{14}O_{14}P$
维生素C		抗坏血酸	$C_6H_8O_6$

（2）维生素的分类

根据溶解性可将其分成两大类：

① 脂溶性维生素，包括维生素A、维生素D、维生素E、维生素K。

② 水溶性维生素，包括B族维生素（维生素B_1、维生素B_2、烟酸、维生素B_6、叶酸、维生素B_{12}、泛酸、生物素等）和维生素C。

（3）不同维生素的功能、缺乏症和食物来源

脂溶性维生素和水溶性维生素的生理功能、缺乏症状及食物来源分别见表1-3和表1-4。

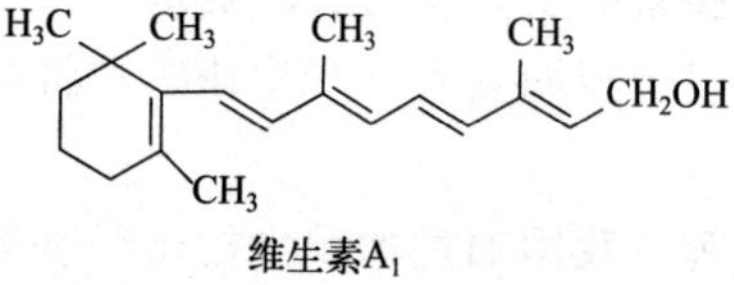

维生素A_1

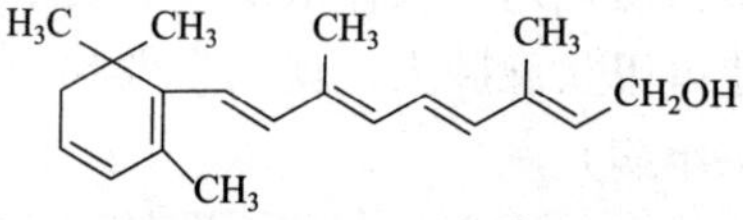

维生素A_2

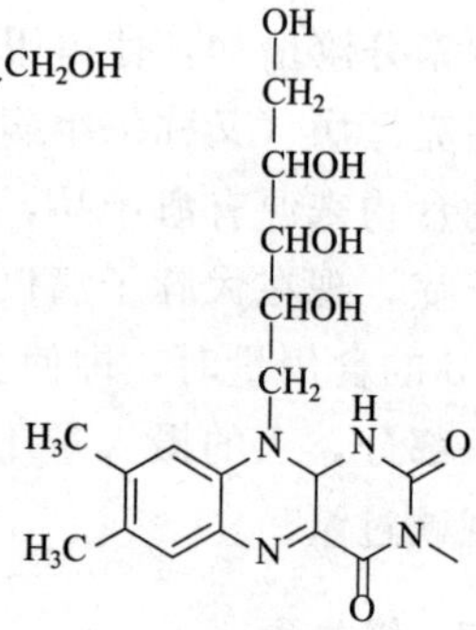

维生素B_2

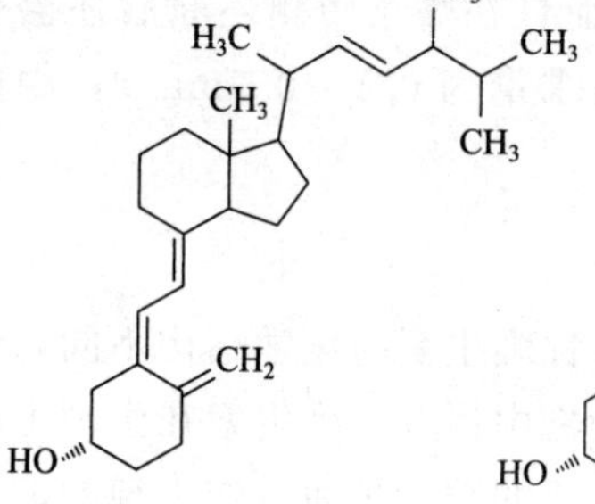

维生素D_2

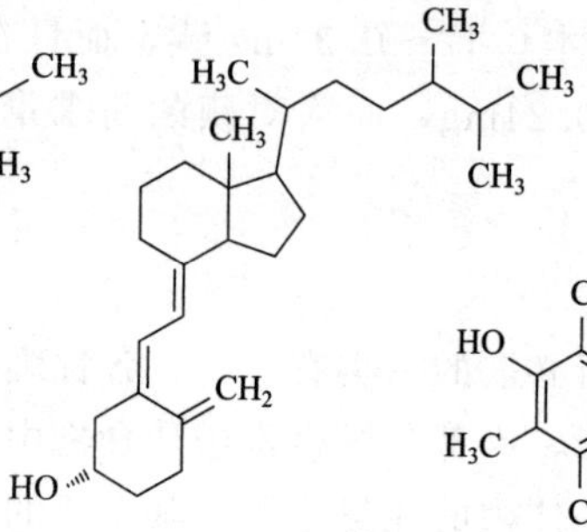

维生素D_3

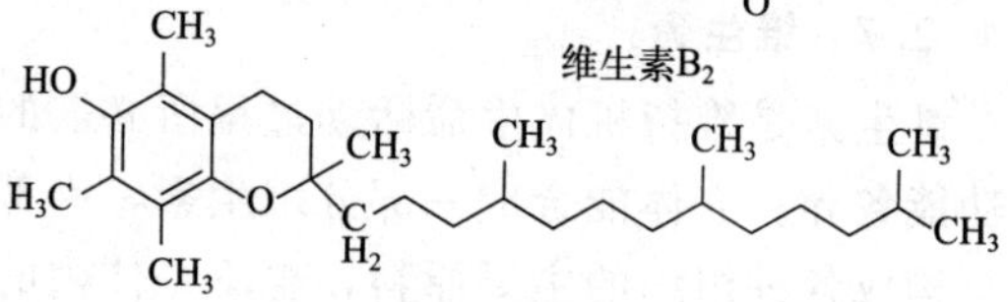

维生素E(生育酚)

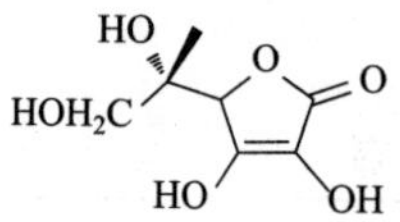

维生素C

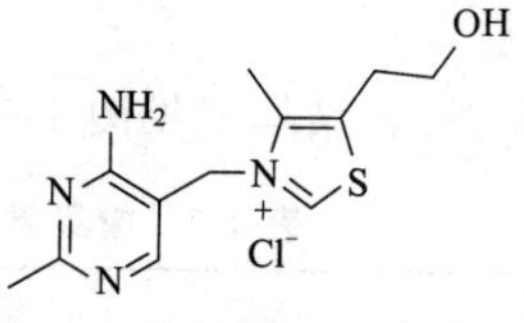

维生素B_1

图 1-6　常见维生素的结构式

表 1-3　脂溶性维生素的生理功能、缺乏症状和食物来源

名称	生理功能	缺乏症状	良好食物来源
维生素 A	形成视色素，使上皮结构保持正常	儿童：暗适应能力下降，干眼病，角膜软化。 成人：夜盲症，干皮病	动物肝脏，红心甜薯，菠菜，胡萝卜，胡桃，蒲公英，南瓜，绿色菜类
维生素 D	促使从肠道吸收的钙增加；对牙齿和骨骼的形成很重要	儿童：佝偻病。 成人：软骨化症	鱼油，肝，由太阳光激活的前维生素
维生素 E	保持红细胞的抗溶血能力、抗氧化	增加红细胞的脆性，导致贫血	在食物中分布广泛，绿色阔叶蔬菜
维生素 K	通过 γ 羧基谷氨酸残基激活凝血因子Ⅱ、Ⅶ、Ⅸ、Ⅹ	儿童：新生儿出血性疾病。 成人：凝血障碍	由肠道细菌合成，绿叶蔬菜，大豆，动物肝脏

表 1-4　水溶性维生素的生理功能、缺乏症状和食物来源

名称	生理功能	缺乏症状	良好食物来源
维生素 B_1（硫胺素）	形成与柠檬酸形成有关的酶	脚气病，肌肉无力，精神失常	谷物，豆类，动物的肝、脑、心、肾脏
维生素 B_2（核黄素）	电子传递链的辅酶	唇干裂，口角炎，视觉失调，舌炎，口咽部黏膜充血水肿	动物肝脏，牛奶，鸡蛋，酵母，阔叶蔬菜
维生素 B_3（烟酸）	NAD，NADP，氢转移中的辅酶	糙皮病，腹泻，皮损伤，痴呆或精神压抑	酵母，各种谷物，精瘦肉，金枪鱼，动物肝脏

续表

名称	生理功能	缺乏症状	良好食物来源
泛酸	形成辅酶A(CoA)的一部分	运动神经元失调,消化不良,心血管功能紊乱	在食物中广泛分布,尤其在蛋黄、肝脏、肾脏、酵母中含量高
维生素H(生物素)	合成蛋白,CO_2的固定,氨基转移	皮肤病	消化道微生物合成,酵母、肝脏、蛋清、干豌豆、利马豆
维生素B_6(吡哆醇、吡哆醛、吡哆胺)	氨基酸和脂肪酸代谢的辅酶	皮炎,舌炎,幼儿惊厥	猪肉,动物内脏,各类谷物,豆类,马铃薯
叶酸	合成核蛋白	巨幼红细胞性贫血,腹泻,疲乏,抑郁,抽搐	酵母,菠菜,龙须菜,萝卜,大头菜,绿叶菜类,豆类,动物肝脏,麦芽
维生素B_{12}(氰钴胺)	合成核蛋白	恶性贫血	动物肝、肾、脑,由肠内细菌合成
维生素C(抗坏血酸)	抗氧化,使结缔组织和碳水化合物代谢维持正常	坏血病,牙齿松动,牙龈出血,关节肿大	绿色蔬菜,柑橘属水果,番石榴,草莓等

(4) 维生素的共同特点

① 它们都是以其本体的形式或可被机体利用的前体形式存在于天然食物中。

② 大多数维生素不能在体内合成,也不能大量储存于组织中,所以必须经常由食物供给。

③ 它们不是构成各种组织的原料,也不提供能量。

④ 虽然每日生理需要量很少(仅以mg或μg计),但是在调节物质代谢过程中起着十分重要的作用。

⑤ 维生素常以辅酶或辅基的形式参与酶的功能。

⑥ 少部分维生素可在体内合成,但合成量不能完全满足机体需要,所以不能代替从食物中摄取这些维生素。

(5) 维生素的特点

① 脂溶性维生素的特点。不溶于水而溶于脂肪及有机溶剂中;在食物中常与脂类共存;在酸败的脂肪中容易破坏;其吸收与肠道中的脂类密切相关;可储存于肝脏中;摄取过量可引起中毒,摄入过少可缓慢地出现缺乏症状。

② 水溶性维生素的特点。溶于水且在体内仅有少量储存,当机体饱和后多余的随尿排出,一般不会积蓄中毒,但B_{12}例外;多数维生素常以辅酶的形式参与机体的物质代谢;可用尿负荷试验对水溶性维生素的营养水平进行鉴定;水溶性维生素一般无毒性,但过量摄入时也可出现毒性;如摄入过少,可较快地出现缺乏症状。

1.2 食品调味剂

食品调味剂指主要为改善口味,促进消化液分泌,增进食欲的添加剂,包括鲜味剂、酸味剂、甜味剂、咸味剂等。

1.2.1 鲜味剂

鲜味剂又叫食品增味剂、风味增强剂，目的是补充或增强食品的原有风味。近年来研究表明，味精是一个基本味，它的存在并不显著改变四个基本味的阈值，并不增强其他味的强度。常用的鲜味剂有L-谷氨酸钠盐、5′-肌苷酸二钠（IMP）、5′-鸟苷酸二钠（GMP）、L-丙氨酸、蛋白质水解物、酵母提取物、肉类抽提物。也可利用动植物水解蛋白与5′-肌苷酸二钠、5′-鸟苷酸二钠等进行组合配方，制作出不同的产品。

1.2.1.1 味精

味精的化学名为L-谷氨酸一钠盐，英文是monosodium L-glutaminate，简称MSG（图1-7）。味精为白色或无色结晶，无臭，略有甜味或咸味，易溶于水。MSG于1846年首次分离，1908年日本东京大学池田教授指出MSG是鲜味成分，1909年开始上市出售。早期味精由面粉中提取，目前由微生物以淀粉为原料发酵制成。全世界20多个国家生产味精，年生产40×10^4t，我国是最大的生产国。

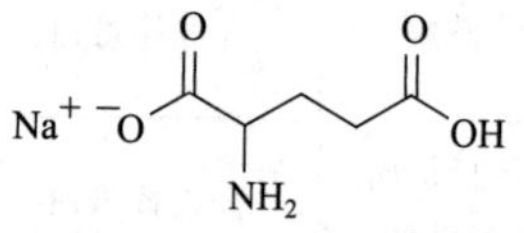

图1-7 味精的结构式

味精在1200℃下失去结晶水，长时间受热或在pH值小于5时为酸的形式，易生成焦谷氨酸，鲜味下降。在微酸性条件下，味精的呈味能力最强，鲜味最高。pH值大于7时，以二钠盐形式存在，还可能会出现不愉快气味。通常情况下，食品加工和烹饪时味精不分解。味精的鲜味阈值为0.03%，所以一般添加量为0.2～1.5g/kg。毒性试验表明，大鼠经口LD_{50}（半数致死剂量）为19.9g/kg，小鼠经口LD_{50}为16.2g/kg。

有人提出，大量摄入MSG可能超过人体的代谢能力，可能影响2价离子吸收利用。日常食物蛋白质中约有10%～35%是谷氨酸，实验证明在日常使用量范围内无不良影响。因此在1988年，国家已经取消其食用限制。依照GB 2760—2014《食品安全国家标准 食品添加剂使用标准》规定进行使用。

1.2.1.2 呈味核苷酸二钠

呈味核苷酸二钠即5′-呈味核苷酸二钠，其商品名为I+G，是由5′-肌苷酸二钠（IMP）和5′-鸟苷酸二钠（GMP）按照1∶1比例组合而成的（图1-8）。5′-肌苷酸二钠（IMP）具有鲜鱼的鲜味，其鲜味是味精的40倍；5′-鸟苷酸二钠（GMP）具有香菇的鲜味，其鲜味是味精的160倍。5′-呈味核苷酸二钠的鲜味是味精的100倍，而且兼具动植物鲜味。

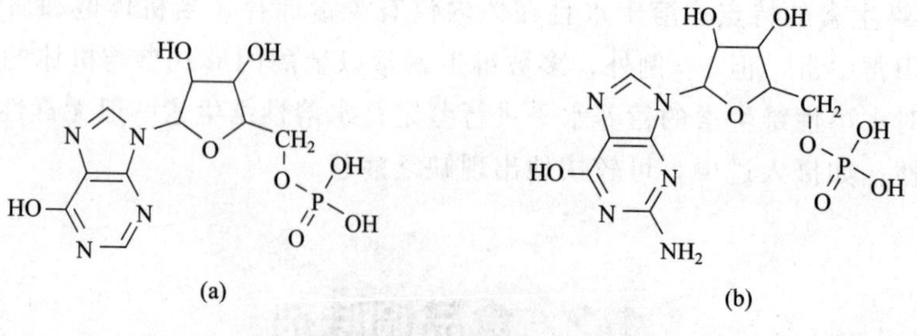

(a) (b)

图1-8 5′-IMP（a）和5′-GMP（b）

呈味核苷酸的生产方法有RNA降解法、酶法和发酵法等。我国1964年开始研究RNA降解法生产，1967年基本成功。5′-呈味核苷酸二钠在食品中多用于配制强力味精、特鲜酱油和汤料等。在味精中添加1%～5%的5′-呈味核苷酸二钠，即能得到鲜味更强的强力味精。

1.2.1.3 水解动物蛋白

水解动物蛋白（hydrolyzed animal protein，HAP）一般以酶法生产为主，广泛应用并可和其他化学调味剂并用，形成多种独特风味。HAP是一种良好的蛋白源，其蛋白含量高于水解植物蛋白，其应用非常广泛。HAP中脂肪含量小于1%，总氮量为8%～9%，其分子量在2000～6000之间，具有动物蛋白鲜味。HAP的热稳定性较好，可以用在食品、化妆品、药品等领域。在火腿和香肠等肉制品中添加HAP，可调整食品结构，增强食品风味。

1.2.1.4 水解植物蛋白

水解植物蛋白也叫作hydrolyzed vegetable protein（HVP），以大豆蛋白、小麦蛋白、玉米蛋白等为原料，水解度一定范围（如分子量小于500）内其水解产物不会有苦味，含N比HAP低。一般为淡黄色液体、糊状体、粉状体或颗粒，其游离氨基酸含量高，在20%～50%之间。酸水解植物蛋白中游离谷氨酸和天冬氨酸含量高于酶水解法。酸水解使蛋白质水解完全，氨基酸几乎呈游离状态，但是酸法水解可能因过量盐酸与油脂反应生成1-氯丙二醇和1,3-二氯丙醇而具有致癌性。而用酶水解法产物安全性高于酸法，但其游离氨基酸和总氨基酸的比值小于酸水解物，仅在0.2～0.6之间。

HVP的使用范围较广，可用在酱油、蚝油、汤料中，还可用于膨化食品，以增强香气和风味，还能使其结构疏松，改善口感；也能用在饮料中，提高蛋白质含量，改善饮料风味。在糖果、糕点中也能使用，例如生产巧克力、糖果时添加HVP增加香气。

1.2.1.5 酵母提取物

酵母提取物又称酵母菌精、酵母菌浸膏或酵母菌味素。酵母提取物的生产方法有自溶法和酶法，该产品富含B族维生素，含19种氨基酸，具有酵母菌特有的鲜味和气味，一般为深褐色或淡黄褐色。酵母提取物不仅是鲜味剂也是增香剂，在方便面调料和火腿肠等肉制品中都广泛应用。

1.2.1.6 肉类抽提物

肉类抽提物主要以猪肉、鸡肉和牛肉为原料，实际生产中，一般不使用肌肉作为原料，主要用其他加工预煮中的汤汁或骨髓熬煮的汤汁，去渣和脂肪后浓缩得到。肉类抽提物可以用于加工食品，也可用于烹饪和汤料中，但使用量一般应控制在0.5%以内。

1.2.1.7 水产品抽提物

水产品抽提物可以使用动物性原料，也可使用植物性原料，如蛤、牡蛎、虾、蟹、鱼、海带、裙带菜等。该产品可以为粉末、液态和膏状，其呈味物质主要是氨基酸、核苷酸类等。

1.2.2 酸味剂

酸味剂是以赋予食品酸味为主要目的的食品添加剂。酸味剂能促进消化，防止腐败，增加食欲，改良风味。还有助于纤维素、钙和磷等物质的溶解，促进对营养物质的消化和吸收。

酸味剂按照化学物质类型分为有机酸和无机酸；按照口感分，可以分为：a. 令人愉快的酸味剂，如柠檬酸、葡萄糖酸等；b. 伴有苦味的酸味剂，如 *dl*-苹果酸；c. 伴有涩味的酸味剂，如酒石酸、磷酸等；d. 有刺激性气味的酸味剂，如乙酸；e. 有鲜味的酸味剂，如谷氨酸。其原因是酸味剂结构中的羟基、羧基、氨基等影响着酸味。酸味的来源是由于味蕾受到 H^+ 的刺激，酸味剂所产生酸味的长短与其解离速度有关，与 pH 值不成正比，酸味剂解离慢则酸味长，解离快则酸味短。

常见酸味剂结构见图 1-9。

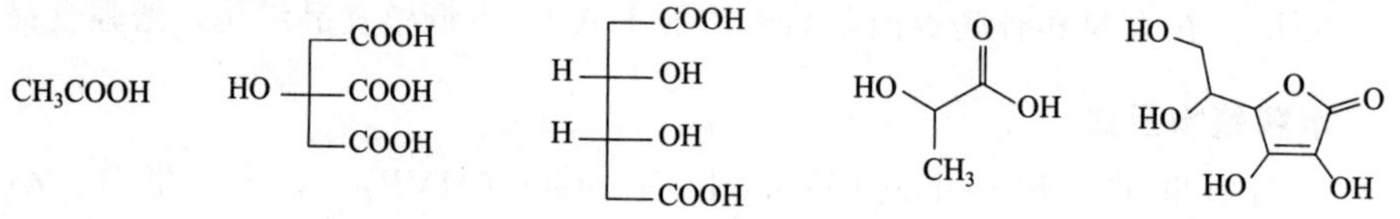

CH_3COOH

(a) 醋酸　(b) 柠檬酸　(c) 酒石酸　(d) 乳酸　(e) 抗坏血酸

图 1-9　常见酸味剂结构

1.2.2.1　食用醋酸

一般食用醋中含醋酸 3%～5%，还含有多种有机酸、氨基酸、糖类和酯类等。在烹调中除作为调味料外，还有去腥臭的作用。

1.2.2.2　柠檬酸

柠檬酸又名枸橼酸，因为在柠檬、枸橼和柑橘中含量较多而得名，化学名称为 3-羟基-3-羧基-戊二酸。柠檬酸的纯品为白色透明结晶或粉末，熔点 153℃，易溶于水，性质稳定。无臭，酸味爽快可口，酸味纯正。通常用量为 0.1%～1.0%。它还可以用于配制果汁；作油脂抗氧化剂的增强剂，防止酶促褐变等。

1.2.2.3　酒石酸

酒石酸的化学名称为 2,3-二羟基丁二酸。酒石酸存在于多种水果中，以葡萄中含量最多。酒石酸为透明棱柱状结晶或粉末，易溶于水，它的酸味是柠檬酸的 1.3 倍，稍有涩感。葡萄酒的酸味与酒石酸的酸味有关，其用途和柠檬酸相似。酒石酸还适用于作发泡饮料和复合膨松剂的原料。

1.2.2.4　乳酸

乳酸最早是在酸奶中发现的，故得名乳酸，化学名称是 α-羟基丙酸。乳酸可用于乳酸饮料中和酒中，也用于果汁露中，多与柠檬酸混合使用。乳酸也可以抑制杂菌繁殖。

1.2.2.5　抗坏血酸

抗坏血酸就是维生素 C（简称 Vc），为白色结晶，易溶于水，有爽快的酸味，在食品中可作为酸味剂和维生素 C 添加剂，还广泛用于肉类食品中作抗氧化剂（现多用异抗坏血酸，它不具维生素 C 的功能，但抗氧化效果相同）、肉制品发色剂的助剂，还可用来防止酶促褐变，作营养强化剂等。

1.2.3　甜味剂

甜味剂是以赋予食品甜味为目的的食品添加剂。人们喜爱甜味，但有些食品在制造或加工后，因其本身不具有甜味，或因甜味不足，需要添加一些具有甜味的物质以满足消费者的需求。

1.2.3.1 甜味剂种类

甜味物质的种类很多，按来源分为天然甜味剂和人工合成的甜味剂；按种类可分成糖类甜味剂、非糖天然甜味剂、天然衍生物甜味剂、人工合成甜味剂。

① 糖类甜味剂，包括糖、糖浆、糖醇。

② 非糖天然甜味剂。这是一类天然的、化学结构差别很大的甜味物质，主要有甘草苷（相对甜度 100～300）、甜叶菊苷（相对甜度 200～300）、苷茶素（相对甜度 400）。以上甜味剂中甜叶菊苷的甜味最接近蔗糖。

③ 天然衍生物甜味剂，指本来不甜的天然物质，通过改性加工而制成的安全甜味剂。主要有氨基酸衍生物、二肽衍生物（阿斯巴甜，相对甜度 20～50）、二氢查尔酮衍生物等。

④ 人工合成甜味剂。我国允许使用的人工合成甜味剂主要是糖精钠、甜蜜素等。

1.2.3.2 甜度

甜味的强弱称作甜度。一般是以蔗糖溶液作为甜度的参比标准，将一定浓度的蔗糖溶液的甜度定为 1（或 100），其他甜味物质的甜度与它比较，根据浓度关系来确定甜度，这样得到的甜度称为相对甜度。常见甜味剂的甜度见表 1-5。

表 1-5 常见甜味剂的甜度

甜味剂名称	甜度	甜味剂名称	甜度
蔗糖	1	甜蜜素	40～50
阿力甜	2000	果糖	1～1.5
索马甜	1600	木糖醇	1～1.4
糖精	200～700	葡萄糖	0.7
三氯蔗糖	500～600	山梨糖醇	0.7
甜叶菊苷	300	冰糖	0.62
罗汉果提取物	300	麦芽糖	0.3～0.6
阿斯巴甜	200	乳糖	0.2～0.3

1.2.3.3 常见甜味剂

（1）糖精

糖精的化学名为邻磺酰苯甲酰亚胺，其结构见图 1-10。1987 年合成成功，味极甜，其钠铵盐更甜，易溶于水，稳定性好。糖精钠又称可溶性糖精或水溶性糖精，为无色或白色的结晶或结晶性粉末。糖精钠溶解解离出的阴离子有非常强的甜味，而在分子状态下没有甜味，反而是苦味，其高浓度的水溶液会有苦味。糖精钠甜度为蔗糖的 200～700 倍，其阈值为 0.004%，其水溶液稀释 10000 倍，仍然有甜味。1937 年发现，1950 年开始使用，60 年代成为主要的甜味剂，70 年代发现有致癌嫌疑，现在有些国家又恢复使用。我国有生产，且出口外销，成本极低。最大的优点是具有极高的稳定性，酸性食品、焙烤食品均可使用。糖精钠在煮沸后会缓慢分解，产生苯甲酸的苦味，因此糖精钠多与其他甜味剂混合使用。

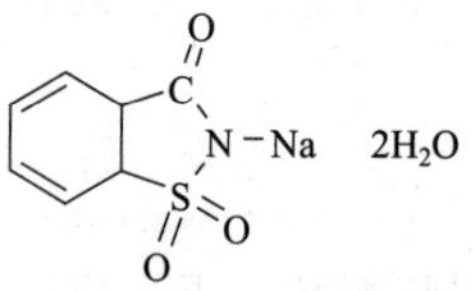

图 1-10 糖精钠（a）和糖精（b）的结构

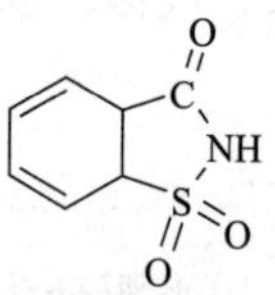

糖精的安全性问题目前尚无定论，糖精完全不代谢，从尿中排出体外，并未发现与膀胱癌的关联性。动物致癌试验不稳定，催畸，致突变性试验正常，人体观察很少致敏。我国农业行业标准规定生产绿色食品时禁止使用糖精钠。

（2）甜蜜素

甜蜜素的化学名为环己基氨基磺酸钠，甜度约为蔗糖的 40～50 倍，与蔗糖相比其甜味刺激相对比较慢，时间更长，通常认为是蔗糖甜味的 30 倍。优点是甜味好，后苦味比糖精低，成本较低。缺点是甜度不高，用量大，易超标食用。1970 年美国禁用，英、日、加拿大等国随后也禁用。在我国使用应按照 GB 2760—2014《食品安全国家标准 食品添加剂使用标准》中所规定的范围和用量使用。

（3）安赛蜜

安赛蜜的化学名为乙酰磺氨酸钾，又叫 AK 糖，其结构见图 1-11。其为白色无味的结晶状物质，1967 年由德国 Karl Clauss 博士无意间发现。本品甜味纯正，极似蔗糖，甜度是蔗糖的 200 倍，是糖精的一半，比安赛蜜甜 4～5 倍，无明显后味，高浓度时有苦味。易溶于水，稳定性高，不吸湿，耐 225℃高温，耐酸碱，pH 2～10 下稳定，光照无影响。与蔗糖、甜蜜素等合用有明显的增效作用。非代谢性，零热能，完全排出体外，所以安全性高，经过 20 年多个国家的独立毒理学试验，国际上安全使用 10 年后，我国 1991 年 12 月批准使用。安赛蜜与木糖醇混合使用能提高口感，与山梨糖醇混合使用有果味和甜味，适合糖尿病患者使用。

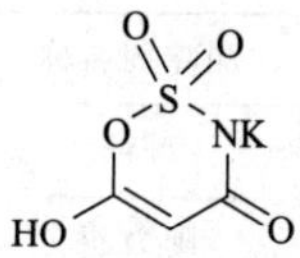

图 1-11 安赛蜜结构

（4）甜叶菊苷

甜叶菊苷又称甜菊苷、甜菊糖，是从南美巴拉圭、巴西等地菊科植物甜叶菊的干燥叶中提取的具有甜味的萜烯类配糖体，叶片中含有 6%～12%甜叶菊苷，当地人以其作茶，我国 1977 年引种成功。甜叶菊苷易溶于水，具有吸湿性，带有轻微的苦味，精制程度越高，水中溶解速度越慢。甜叶菊苷为白色粉末，甜度约为蔗糖的 150～200 倍，其味近似砂糖，餐味存留时间较蔗糖长，热稳定性强，日本和我国应用较普遍。甜叶菊苷食用后不产生热能，适合糖尿病、肥胖症患者使用。

（5）甘草素

甘草素有甘草酸铵、甘草酸一钾和甘草酸三钾，都源于甘草，因此又称为甘草甜素。甘草素为白色结晶粉末，其甜味刺激与蔗糖相比较慢，持续时间长。甘草素的甜度是蔗糖的 200～500 倍，有特殊味道，不习惯者常有不愉快感觉，其与蔗糖、柠檬酸等配合使用甜味更好，能有效减少单独使用时产生的不愉快感觉。

（6）三氯蔗糖

三氯蔗糖属于蔗糖衍生物，是蔗糖经氯化作用得到的。三氯蔗糖又称蔗糖素或 4,1′,6′-

三氯半乳糖，产品多为白色粉末。其甜度约是5%蔗糖溶液的600倍，甜味纯正，没有苦味，是目前公认的强力甜味剂。在我国使用应按照GB 2760—2014《食品安全国家标准 食品添加剂使用标准》中所规定的范围和用量使用。

（7）阿斯巴甜

阿斯巴甜又叫天冬甜精、甜味素，是二肽甜味剂，即L-天冬氨酰-L-苯丙氨酸甲酯。阿斯巴甜为商品名，市场上有的不正确地称其为蛋白糖，其结构见图1-12。其由美国Searle公司1965年在肽类药剂的研究中偶然发现。

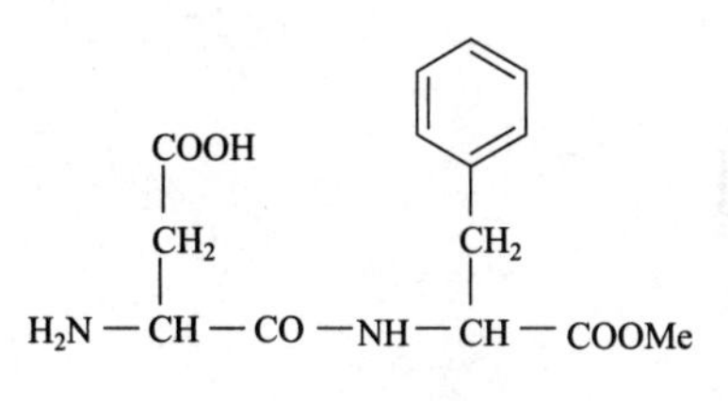

图1-12　阿斯巴甜结构

阿斯巴甜的甜度为蔗糖的100～200倍，甜味和蔗糖接近，无后苦味，与糖、糖醇、糖精等合用有协同作用。阿斯巴甜为白色结晶状粉末，常温下稳定，20℃时溶解度为1，其水溶液受pH、温度影响，室温下放置一个月，甜度下降严重，最适pH值是4.2。其钠钾盐风味更好，溶解度更大。其可以作为甜味剂和风味增效剂使用，进入人体后能被消化吸收，故FDA将其列入营养型甜味剂中。

1981年美国批准使用，法国、比利时、瑞士、加拿大和中国等许多国家相继批准使用。按甜度计算，其价格仅为蔗糖的1/4～1/2，可用于饮料、冷饮、果冻、蜜饯、医药、保健品、日用化妆品等，在美国是主导地位的低热值甜味剂。其可供糖尿病患者、肥胖症患者使用，亦可作为防龋齿食品中的甜味剂。阿斯巴甜的毒性试验表明，小鼠经口LD_{50}＞10g/kg，属于无毒级。

1.2.3.4　复合甜味剂

使用复合甜味剂时可根据食品的要求选择合适的甜味剂，如低热值食品中可用高甜度甜味剂。但是有时要几种甜味剂混合起来使用以达到较佳效果，这是因为几种甜味剂并用好处多。其一是可提高安全性，即减少了每一种单独成分的量。其二是可提高甜度，因为不同甜味剂之间有相互增甜作用，可以节省成本。其三是能改善口感，减轻一些甜味剂的后苦味，例如常用高强度甜味剂代替部分蔗糖而不是全部蔗糖。其四是能提高稳定性等，例如使用高强度甜味剂时，配合使用增量甜味剂以赋予食品体积、重量、黏度等形状。

例如两种复合甜味剂配方为：a. 柠檬酸钠14.4，味精0.6，甜叶菊苷和蔗糖85。b. 甘草10，柠檬酸钠18，甜叶菊苷1.7，甘氨酸60.6，*dl*-丙氨酸9.3，L-天冬氨酸钠0.4。

1.2.4　咸味剂

咸味是中性盐所显示的味，是由离解后的离子所决定的。阳离子是定味基，易被味感受器的蛋白质的羧基或磷酸吸附而呈咸味；阴离子是助味基，影响咸味的强弱和副味。

作为咸味剂的仅有氯化钠，俗称（食）盐，在体内主要是调节渗透压和维持电解质平衡。食盐按照产地可以分为海盐、湖盐、井盐和矿盐，现在市面上食盐种类繁多，有海藻盐、低钠盐、海盐等。

在味感性质上，食盐的主要作用是起风味增强或调味作用。食盐用量一般为：成年人每天5～10g，6g左右较好；高温作业繁重体力劳动者＜15g；婴幼儿＜3.5g。

食盐除维持渗透压平衡外，还有如下一些作用。

① 坚持用淡盐水漱口，可以保持口腔清洁，还能预防龋齿。

② 菠萝去皮切块后，用淡盐水浸泡几分钟，可以去掉其涩味。

③ 炼猪油时，加一定量的盐，可以提升熟猪油抗氧化能力，延长其保存期。

④ 杨梅在淡盐水中浸泡几分钟，可以杀灭部分细菌，还可以减轻酸味。

⑤ 苹果削皮后，表面易氧化发生褐变，将其泡在淡盐水中，可以防止褐变，又能使之变得更脆。

1.3 食品添加剂

1.3.1 食品添加剂的定义

1995 年 10 月 30 日第八届全国人民代表大会常务委员会第十六次会议通过的《中华人民共和国食品卫生法》中定义食品添加剂是“为改善食品品质和色、香、味，以及为防腐和加工工艺的需要而加入食品中的化学合成或者天然物质”。由此也可以看出食品营养强化剂也属于食品添加剂。营养强化剂、食品用香料、胶姆糖基础剂、食品工业用加工助剂也包括在内。

食品添加剂一般具有以下三个特征：一是为加入食品中的物质，因此它一般不单独作为食品食用；二是既包括人工合成的物质，也包括天然物质；三是加入食品中以改善食品品质和色、香、味，以及满足防腐、保鲜和加工工艺的需要。

由于各自理解的不同，各国对食品添加剂的定义也可以不同。随着食品工业的发展，食品添加剂的种类、功能、应用范围也在不断发生变化。日本规定，食品添加剂系指在食品制造过程，即食品加工中，为了保存的目的加入食品中，使之混合、浸润，以及为其他目的所使用的物质。

美国规定，食品添加剂是“由于生产、加工、贮存或包装而存在于食品中的物质或物质的混合物，而不是基本的食品成分”。还需两种以上动物进行毒理学试验，证明无毒，添加量不能超过动物试验无作用量的 1%。联合国粮食及农业组织（FAO）和世界卫生组织（WHO）联合组成的食品法典委员会（CAC）在 1983 年规定：“食品添加剂是指本身不作为食品消费，也不是食品特有成分的任何物质，而不管其有无营养价值。它们在食品生产、加工、调制、处理、充填、包装、运输、贮存等过程中，由于技术（包括感官）的目的，有意加入食品中或者预期这些物质或其副产物会成为（直接或间接）食品的一部分，或者改善食品的性质。它不包括污染物或为保持、提高食品营养价值而加入食品中的物质。”此定义既不包括污染物，也不包括食品营养强化剂。

中国、日本、美国规定的食品添加剂中均包括食品营养强化剂。

1.3.2 食品添加剂的意义和作用

① 保持或提高食品本身营养价值。

② 改进生产工艺，拓展原料资源。

③ 提高食品质量稳定性，改善食品感官性状。

④ 便于食品生产、加工、运输、包装和贮藏。

1.3.3 食品添加剂的使用原则

① 根据国标，食品配料中允许使用的食品添加剂。

② 食品配料中添加剂的量不应超过允许的最大使用量。

③ 应在正常生产工艺条件下使用这些配料，并且食品中该添加剂的含量不应超过由配料带入的水平。

④ 由配料带入食品中的该添加剂的含量应明显低于直接将其添加到该食品中通常所需要的水平。

1.3.4 食品添加剂的毒理学

① 评价的目的。鉴定食品添加剂的安全性或毒性。

② 毒理学试验的 4 个阶段

a. 急性毒性试验——测定 LD_{50}。

b. 遗传毒性试验、传统致畸试验、短期喂养试验——初步估计最大安全量或最大无效量（MNL）。

c. 亚慢性毒性试验——初步确定 MNL，包括 90 天喂养试验、繁殖试验、代谢试验。

d. 慢性毒性试验（包括致癌试验）——确定 MNL。

1.3.5 食品添加剂的分类

按照来源，食品添加剂可以分为三类：一是天然提取物；二是利用发酵等方法制取的物质；三是纯化学合成物。按照功能用途可以分为 23 类，分别是酸度调节剂、抗结剂、消泡剂、抗氧化剂、漂白剂、膨松剂、胶姆糖基础剂、着色剂、护色剂、乳化剂、酶制剂、增味剂、面粉处理剂、被膜剂、水分保持剂、营养强化剂、防腐剂、稳定和凝固剂、甜味剂、增稠剂、食品用香料、食品工业用加工助剂等。值得提醒的是食品添加剂不等于违法添加物。人们一定要对食品添加剂保持正确的认识。

2011 年《国务院办公厅关于严厉打击食品非法添加行为切实加强食品添加剂监管的通知》中要求规范食品添加剂生产使用：严禁使用非食用物质生产复配食品添加剂，不得购入标识不规范、来源不明的食品添加剂，严肃查处超范围、超限量等滥用食品添加剂的行为。我国严厉禁止并打击食品中的非法添加行为。以下就常见的添加剂进行介绍。

1.3.5.1 防腐剂

防腐剂为防止食品腐败变质、延长食品保存期而抑制食品中微生物繁殖的物质。常用的有苯甲酸钠、山梨酸钾、二氧化硫、乳酸等。用于果酱、蜜饯等食品加工中。

1.3.5.2 抗氧化剂

抗氧化剂是能防止或延缓油脂或食品成分氧化分解、变质，提高食品稳定性的物质。按来源分为天然抗氧化剂和化学合成抗氧化剂；按水溶性分为水溶性抗氧化剂和油溶性抗氧化剂。常用的有没食子酸丙酯（PG）、丁基羟基茴香醚（BHA）、茶多酚（TP）、二丁基羟基甲苯（BHT）、特丁基对苯二酚（TBHQ）、生育酚（VE）、硫代二丙酸二月桂酯（DLTP）等。

1.3.5.3 着色剂

着色剂是赋予食品色泽和改善食品色泽的物质，也叫食用色素。常用的合成色素有胭脂红、苋菜红、柠檬黄、靛蓝等。它可改变食品的外观，增强食欲。

1.3.5.4 护色剂

护色剂是指能与肉及肉制品中呈色物质作用，使之在食品加工、保藏等过程中不致分解、破坏，呈现良好色泽的物质。常用的有硝酸盐（钠盐、钾盐）及亚硝酸盐（钠盐、钾盐）。

1.3.5.5 漂白剂

漂白剂是能够破坏、抑制食品发色因素，使其褪色或使食品免于褐变的物质。漂白剂不同于以吸附方式除去着色物质的脱色剂。根据其作用机理分为氧化型/性漂白剂和还原型/性漂白剂。

能使着色物质氧化分解从而漂白的为氧化型性漂白剂，有过氧化氢（常用于面条、食用油脂、琼脂、干酪中）、过氧化钙（用作面团调节剂，用于果蔬保鲜时使乙烯氧化等）、过氧化丙酮、过氧化苯甲酰（用于小麦粉漂白）等。我国在 2011 年 5 月禁止了过氧化苯甲酰作为漂白剂。

能使着色物质还原从而起漂白作用的物质为还原型/性漂白剂，所有的还原型/性漂白剂都属于亚硫酸类化合物，如亚硫酸氢钠、亚硫酸钠、低亚硫酸钠、焦亚硫酸钠等。无论是氧化型/性漂白剂还是还原型/性漂白剂除了具有漂白作用外，大多数对微生物也有显著的抑制作用，所以又可把其看作防腐剂。

1.3.5.6 增稠剂和稳定剂

增稠剂和稳定剂可以改善或稳定冷饮食品的物理性状，使食品外观润滑细腻。它们使冰淇淋等冷冻食品长期保持柔软、疏松的组织结构。

1.3.5.7 膨松剂

部分糖果和巧克力中添加膨松剂，可促使糖体产生二氧化碳，从而起到膨松的作用。常用的膨松剂有碳酸氢钠、碳酸氢铵和复合膨松剂等。

1.3.6 食品营养强化剂

1.3.6.1 食品营养强化剂的定义

食品卫生法明确规定食品营养强化剂是指“为增加营养成分而加入食品中的天然的或人工合成的属于天然营养素范围的食品添加剂”。

在食品的生产、加工和保藏过程中，营养素往往受到损失。为补充食品中营养素，提高食品的营养价值，适应不同人群的需要，可添加食品营养强化剂。食品营养强化剂兼有简化膳食处理、方便摄食和防病保健等作用。

1.3.6.2 食品营养强化剂的分类

在国内，食品营养强化剂常分为以下四大类。

① 矿物质类，包括钙（Ca）、铁（Fe）、锌（Zn）、硒（Se）、镁（Mg）、钾（K）、钠（Na）、铜（Cu）、锰（Mn）、锶（Sr）、钒（V）等。

② 维生素类，包括维生素 A、维生素 D、维生素 E、维生素 C、维生素 B 族（维生素 B_1、维生素 B_2、维生素 B_3、维生素 B_5、维生素 B_6、维生素 B_{12}）、叶酸、生物素等。

③ 氨基酸类，包括牛磺酸、L-甲硫氨酸等十八种必需氨基酸。

④ 其他营养素物质，包括二十二碳六烯酸（DHA）、二十碳四烯酸（ARA）、低聚糖、膳食纤维、益生元、卵磷脂、核苷酸、酪蛋白磷酸肽（CPP）、胆碱、左旋肉碱等。

1.4 食物的储存

食品中的成分复杂，而且有机物容易腐坏和流失，因此食物的加工储藏是人类面临的一个难题，也是一个很有意义的研究课题。在食物储藏时，尤其是夏天，气温比较高，食物易被微生物污染，那么人们误食后，人体的正常机能在一定时间（可长亦可短，因人和污染情况而定）内可能受到影响。

由于食物不能及时消耗，必需储存和加工，此过程主要涉及食物的防腐。食物腐败的主要原因是氧化作用和微生物作用，从而引起变质和分泌毒素。

1.4.1 氧化作用

1.4.1.1 大气氧的作用

空气中的氧气是破坏脂肪、糖、蛋白质、维生素的主要因素。

（1）脂肪

脂肪与氧作用生成过氧化物。温度、光线及微量金属均会影响脂肪的氧化速度。除生成二聚体有致癌作用外，上述氧化作用还使油脂降解成脂肪酸、醛及烃类化合物（如丙烯醛、甲基戊酮、正丙烷等）而呈异味（俗称变“哈”）。

（2）糖

糖加热氧化时伴随脱水分解成羟甲基糠醛，进而与氨基酸作用生成褐色物，常用于酱油等的着色。

（3）蛋白质

蛋白质加热后部分变性，生化功能并未显著改变，主要是溶解度减小甚至凝固。加热会破坏鸡蛋白中的卵黏蛋白及抗生物素蛋白和大豆中的抗胰蛋白酶及凝结血红蛋白，从而消除了生蛋白的毒性。但过度加热，氨基酸损失，与糖共存则损失更多。

（4）维生素

在空气中加热会使各类维生素不同程度地破坏。例如维生素 A 易氧化成环氧维生素 A，进而分解。维生素 C 本身对热稳定，但因蔬菜中常含有维生素 C 氧化酶，受热时易破坏，该酶分解后，维生素 C 分解减少。

1.4.1.2 呼吸作用

植物类食物如谷物、蔬菜、水果等在存放期间继续其呼吸作用（吸收氧气呼出二氧化碳）而熟化。主要分为调节作用和催熟作用。

1.4.2 微生物作用

1.4.2.1 酵解

酵解指食物在酶作用下的分解现象。生物体中本来含有多种酶（蔬菜中尤多），如氧化酶、过氧化酶、酚酶等，特别是维生素C氧化酶分布甚广，易使维生素C氧化失效，导致物质腐败。

(1) 动物酶

屠宰或收藏甚至加工后，即使无任何外来微生物感染，肉类也会因本身的动物酶作用而变质，脂解酶的适宜温度为40℃，但在−30～−15℃仍有活性，故肉、油脂即使冷藏也可变质。大米中亦含此酶，久存后其脂肪酸分解，出现陈米特有之味。

(2) 植物酶

在50～60℃下，糖酵解通常生成酸，称为酸败。蛋白质酵解时氨基酸分解成胺类、酮酸、硫化氢等，气味难闻且有毒。这些作用都是配合空气氧、紫外线、水共同作用的。

1.4.2.2 细菌作用

在合适的湿度（10%～70%）和温度（25～40℃或10～60℃）以及不同的pH值条件下，细菌迅速繁殖。除使食物产生异味、生蛆、发馊变质，还进一步分泌毒素如黄曲霉素、赭曲霉素以及病毒螨，导致各种病变。故对发馊的食物或发霉的食物宜彻底处理。

1.4.3 食物的储存方法

1.4.3.1 保鲜的主要原则

(1) 物理方法

物理保鲜方法包括低温冷藏、高温杀菌、脱水或干燥、辐射杀菌、提高渗透压、密封罐装等。

(2) 化学方法

化学保鲜方法即用加入化学药品或通过化学加工来达到保鲜或储存的方法，常用药品主要有：a. 防腐剂，亦称保存剂、抗微生物剂、抗菌剂。常用的有苯甲酸及其钠盐，pH=3.5时0.05%溶液可阻止酵母菌繁殖。b. 抗氧化剂（见上节所述）。c. 配合剂，如柠檬酸、磷酸、酒石酸、EDTA（乙二胺四乙酸）等，可抑制微量金属对氧化作用的催化性能。d. 漂白剂（见上节所述）。

1.4.3.2 保鲜作用机制

(1) 阻止腐蚀剂的作用。这里所指的腐蚀剂通常是大气、灰尘、水分、盐及各种化学药品，阻止这类腐蚀剂的办法是改善包装，如充以惰性气体、真空包装等。

(2) 防止细菌作用。防止细菌生长可以通过阻挠微生物细胞膜透过食物或营养素，使细菌饿死；也可以干扰其遗传机制，抑制细菌繁殖；阻挠细菌内酶的活性，停止代谢过程；通过杀菌处理，清除菌源，杀灭细菌。

1.4.3.3 某些容易腐坏的物品的储存办法

(1) 谷类

谷类在储存中因氧化、呼吸、酶作用会变质。因此在储存时要先清除杂质，晾晒或烘干，降低含水量，使之达到安全储存水分以下（不同谷类的安全储存水分分别为籼稻15%、粳稻14%、糯稻13%），然后在秋收后气温逐渐降低的有利时机，打开仓门、容器口等通风降温，并进行压盖密封后，低温低氧储藏。现代化多功能仓库应控温控湿，并检测仓内温度变化。

(2) 肉、乳、蛋类

这类食品的特点是蛋白质及脂肪含量高，储存时易发生细菌作用和酵解。

① 肉。储藏的主要问题是控制腐败细菌的活动。通用的方法是酸化（酸性环境不利于细菌生长，如醋泡猪蹄、香肠等）、排除空气（如充二氧化碳、氮气包装，以防氧化）、干燥（烘干、风干、速冻以降低水分）、腌制（盐、糖浸渍）等。

② 水产品。鱼及其他动物的储存，应先去除内脏（因为这些最易腐坏），然后尽快冷冻。鲜鱼在低温下冷冻可保存1～2个月，还可通过降低水分的方法延缓水产品腐烂，常见的养护方法有干养护、湿养护和混合养护；还可通过熏制和烘烤的方式防止水产品腐败；通过自然干燥或人工干燥都能降低水产品中的水分含量，达到防止水产品腐烂的目的。

③ 奶及乳制品。由于营养丰富，极易变质。大多数购买的鲜奶在未开封下，密封低温（0～4℃）保存可保存4～7日，售卖的酸奶在0～4℃下可保存21日。家庭保管奶时应在避光下及时冷藏，容器要密封。奶粉打开后应保持干燥、凉爽并迅速密封，如因吸湿而结块，则不能直接冲服，而应煮沸。

④ 蛋。在0～4℃温度下冷藏，完好的鸡蛋保质期约60天；冬季室温下储存，保质期约15天；夏季室温下储存，保质期约10天。如果是经过清洗、干燥、杀菌、喷码、涂抹的保洁蛋，其保质期会有所延长。鸡蛋储存时不要用水清洗，且大头端朝上，不可冷冻。

(3) 蔬菜水果

通用的存放办法是在10℃以下保干（因10℃以下酶及细菌活动减弱），但随物而异。

① 马铃薯。有较强的马铃薯菌，储存的适宜温度为7～8℃，湿度85%～90%，黑暗条件下储存，当马铃薯发芽时，就会产生有毒的龙葵碱。

② 甘薯。窖温保持在10～15℃的范围内才能保证薯块的安全储藏，储存中的最大问题是黑斑病。在窖藏期间要控制温度，还应在入窖时使用保鲜剂。

③ 香蕉。11～14℃下可较久存放（2周）。超过25℃，果肉软黑。温度过低，亦易变质。但剥皮后深度冷冻（−10℃）可达数周，迅速食用而无害。

④ 柿。可冰冻或在10～15℃时窖藏脱涩，也可堆放储藏，在窖内铺上稻草（15～20cm厚），经过熏蒸消毒后，堆放3～4层，注意通风散热。

(4) 茶及名贵药材

① 茶。宜先在通风处干燥后分装于铁盒中。如已发霉，可干炒后复原。亦可置于底部放有石灰的坛内，用布或铁丝网等与石灰隔开，利用石灰的吸湿性和杀菌作用以长期储存而不变质。

② 名贵药材。人参、西洋参、当归、枸杞等名贵药材，由于含糖、蛋白质较高，易受潮、发霉、虫蛀，通常先阴干，再装入广口瓶内密封于4℃下保存。亦可在小坛内装入2/5的生石灰，然后将药材用纸或布包严捆绑后吊在瓶中。

参考文献

[1] 大卫·E. 牛顿. 食品化学 [M]. 王中华，译. 上海：上海科学技术文献出版社，2011.
[2] 赵俊芳. 食品化学 [M]. 北京：中国科学技术出版社，2012.
[3] 迟玉杰. 食品化学 [M]. 北京：化学工业出版社，2012.
[4] 赵国华. 食品化学 [M]. 北京：科学出版社，2014.
[5] 黄泽元，迟玉杰. 食品化学 [M]. 北京：中国轻工业出版社，2017.

［6］ 汪东风，徐莹．食品化学［M］.3版．北京：化学工业出版社，2019.
［7］ 李春美，何慧．食品化学［M］．北京：化学工业出版社，2021.
［8］ 白静，黄晓丹，朱昱漩，等．面包、饼干和蛋糕的铁、锌、钙含量及其利用率研究［J］．食品科学，2009，1（30）：131-134.
［9］ 李湖中，钟伟，黄建，等．食品中矿物质最高强化水平的风险评估［J］．中国食品学报，2020，6（20）：263-268.
［10］ 周才琼．食品营养学［M］.2版．北京：中国质检出版社，2012.
［11］ 孙远明．食品营养学［M］．北京：中国农业大学出版社，2010.
［12］ 彭珊珊，钟瑞敏．食品添加剂［M］．北京：中国轻工业出版社，2017.
［13］ 郝利平，聂乾忠，陈永泉，等．食品添加剂［M］.2版．北京：中国农业大学出版社，2009.
［14］ 郑永华．食品保藏学［M］．北京：中国农业大学出版社，2010.
［15］ 唐浩国，曾凡坤，郑志．食品保藏学［M］．郑州：郑州大学出版社，2019.
［16］ 马汉军，田益玲．食品添加剂［M］．北京：科学出版社，2014.
［17］ 广东省标准化研究院．国内外食品添加剂［M］.2版．北京：中国标准出版社，2015.
［18］ 江家发．现代生活化学［M］．合肥：安徽人民出版社，2006.

第2章 饮料与化学

饮料泛指为饮用而制作的任何液体，可以是食品工业定量生产的液体，也可以是人们自制的液体。饮料可以依据其含酒精量分为无酒精饮料和酒精饮料。无酒精饮料又称为软饮料。市售饮料种类繁多，功能多样化，例如以补充能量为目的的功能饮料，以清热为目的的饮料等。本章根据我国饮食习惯的实际情况分为豆乳、奶及其制品、酒、茶、咖啡及可可等。

2.1 豆乳、奶及其制品

2.1.1 豆乳类饮料

豆乳类饮料为以大豆为主要原料，经磨碎、提浆、脱腥等工艺制得的浆液中加入水、糖液等调制而成的乳状饮料，如纯豆乳（豆浆）、调制豆乳、豆乳饮料。

2.1.1.1 豆浆

豆浆是豆腐的前体，1份泡过的大豆加3份热水碾磨成浆，用纱布滤掉残渣即得。每200mL原汁一般含6g蛋白质，是一种良好的代乳品，特别适合对牛奶蛋白质过敏或不能利用乳糖的人群，但必须煮沸后食用，因为大豆的消化率受到其自身所含抗胰蛋白酶和纤维素的影响。通过加热后可以使抗胰蛋白酶失活，还可以去除大豆中引起胀气的成分。大豆含糖量低，做成豆浆时可以根据个人口感进行补足。豆浆中含有钾、钙、镁等矿物质，还含有黄酮类化合物，可以预防乳腺癌、直肠癌和结肠癌等。豆浆还能防治冠心病，因为豆浆中含有豆固醇和钾、镁、钙，能加强心肌血管的兴奋，改善心肌营养，降低胆固醇，促进血流，防止血管痉挛。同时，能补充女性体内的雌性激素，减轻更年期症状。

2.1.1.2 豆乳粉

将大豆中蛋白质进行浓缩，其蛋白质含量可达40%～80%，因其中糖及脂肪含量很少，特别适合作婴儿食品如代乳粉的配料。也可将浓缩的豆乳经过冷却后进行包装出售。或者将浓缩后的豆乳通过喷雾干燥、冷冻干燥等方法，做成粉状。在干燥时引入氮或CO_2，产生的豆乳粉乳白、结构膨松，具有独特的速溶性和宜人的香味。也可以先将干豆浸泡并去皮，干燥后磨成粉；再将粉末悬浮于盐溶液中，通入蒸气使蛋白质凝结，离心分出蛋白质凝块，再干燥研磨成粉即得。

2.1.1.3 调制豆乳

调制豆乳是将原汁豆浆进行加工得到的一系列制品。液体的有香草豆浆、蜂蜜豆浆、胡萝卜豆浆及其他类似物。由原味豆浆加入相应的强化汁制成，除原味及原来的营养成分之外，还引入了多种新的维生素及微量元素，因而味道更好，营养更丰富。固体物有豆浆晶，即原汁豆浆减压蒸发得的固体物。经强化（加入其他配料）加工，可制得代乳粉。豆浆晶（或原汁豆浆适当浓缩后）加入维生素（如维生素C)、糖及其他营养素，经无菌包装可得相应的产品。

2.1.2 奶及乳制品

奶及乳制品包括人奶及各种动物奶，主要是牛奶及其制品。此外，各种奶中还富含钙、磷、钾、锌等矿物质及多种维生素。由于哺乳动物的幼雏几乎全靠其母奶为生，而它们消化道尚未发育完善，新生动物生长快，所以其食物必须营养全面、容易消化和吸收。诸奶中以鹿奶最名贵，兔奶和山羊奶营养亦丰富，牛奶的成分与人奶最接近（只是糖分较低)，因而牛奶是最受人们欢迎的奶品。下面只讨论牛奶及其制品。

2.1.2.1 鲜奶

鲜奶中主要含乳糖、酪蛋白及乳脂。乳糖为奶所特有，水解后成干乳糖及葡萄糖，有α型及β型，呈4∶6平衡状态，其甜度为蔗糖的1/6，微溶于水。

乳糖在小肠中分解，生成的葡萄糖吸收快，半乳糖因吸收慢而作为小肠细菌的生长促进剂，有利于肠内合成维生素。乳糖使钙易于吸收，并在转化为乳酸时有杀菌作用。酪蛋白占牛奶总蛋白质的82%，含有全部人体所需的氨基酸和大量免疫球蛋白，从而有助于提高新生儿的免疫能力；奶呈白色是由于酪蛋白及其与钙结合成的钙盐与脂肪形成微球悬浮体，微量油溶性叶红素及水溶性黄色素则使原汁牛奶白中透黄。乳脂是高度乳化的脂肪，其熔点低于体温，富含低级脂肪酸，故极易消化和有效利用，因而是快速能源。

生奶中有很多细菌（如天花病毒)，故需煮沸消毒方可饮用。煮的时间不宜太长，以防破坏胶质和营养成分。

陈奶则因乳酸的作用而沉淀变质。除煮沸外，牛奶的消毒还取决于奶源和运送方式。

2.1.2.2 加工奶

加工奶是对鲜品经均化、消毒和维生素D强化后，再加工而得。

① 多维奶。除每升加400单位维生素D（牛奶中已有钙，为了牙齿和骨的正常钙化，还要加维生素D）外，还加入2000～4000单位维生素A（防夜盲症）及必要的其他维生素和矿物质。

② 低脂或脱脂奶。从鲜奶中去除大部分乳脂（使其含量低于2.0%)，加入无脂固体达10%、维生素A≥2000单位/L及维生素D，这种奶可用于特殊人群（如减肥者、老年人)。

③ 调味奶。用巧克力糖浆、可可、巧克力粉或草莓、樱桃、菠萝、苹果、橘、香蕉汁

或粉剂加香，还加入5%～7%的蔗糖及维生素D、维生素A等。

④ 淡炼乳。预热稳定蛋白质，在平底锅中真空浓缩（50～55℃）除去约60%水分后密封，在116.5～118.5℃下加热15min即得。

⑤ 浓缩乳。同淡炼乳但不作进一步的高温灭菌处理，而加占奶量40%～45%的蔗糖防腐。这些奶营养价值高，便于贮存和运输。

2.1.2.3 酸奶及其制品

酸奶及其制品指产生乳酸的细菌使牛奶或其制品发酸的黏稠体或液体。因为黄种人对鲜奶中的乳糖吸收效果不好，所以人们改喝酸奶等奶制品。

① 酸奶。鲜奶经消毒、均质、接种，并保温（42～46℃）直到所需要的酸度和滋味，然后冷却到7℃以下停止发酵。分加香、加水果及原汁几种。经过发酵无脂固体（即蛋白质和糖）及增加香味（酯）等步骤，成为低热能的高级营养品。

② 酸乳酒。包括马奶酒，用马、山羊或牛的奶经酸和乙醇发酵制得。除保持原奶的成分外，增加了酵素、维生素和香酯，营养价值进一步提高。

2.1.2.4 奶粉

奶粉是将原汁奶消毒后在真空下低温脱水得到的固体粉末。在干燥过程中维生素C、维生素B和硫胺素损失10%～30%，但对其他营养成分没有明显影响，这些损失可通过维生素强化弥补。采用氮气氛包装或真空包装来消除脂肪氧化引起的变质。降低水分有利于运输和保存。

2.1.2.5 其他奶制品

① 奶油。从鲜奶中分离出的含乳脂18%以上的高脂肪液体乳制品。

② 冰淇淋。主要由乳脂、脱脂固体奶、糖、香味剂和稳定剂组成。

③ 麦乳精。牛奶、麦精、奶油、砂糖加热熔化后，加入强化剂进行均质乳化、干燥而得。

④ 黄油。由稀奶油制成。市售品含乳脂肪80%。

⑤ 酪乳。搅拌和离心稀奶油制作黄油后留下的液体。

⑥ 干酪。由牛奶、奶油、酪乳等结合凝聚后脱水制得，其特点是高酪蛋白，富含钙、磷及微量元素，热值高，乳糖低。通常用专门的细菌发酵牛奶或酶处理来凝聚蛋白质。其特有的香味来源于细菌的生长及制造过程中生成的酯。

⑦ 凝乳。脱脂乳中加酸或凝乳酵素得到密度较小的凝聚物，主成分为蛋白质。

⑧ 乳清。指分离凝乳后得到的透明黄绿色水溶液。由于大部分不溶于水的组分已进入凝乳，而大多数水溶性物如乳糖、盐类、水溶性蛋白质则进入乳清中。通过加热，使这些蛋白沉淀而分离。乳清品种很多，有浓缩品及干品之分，均营养丰富，易于消化。

2.2 酒中的化学

我国是世界上最早酿酒的国家之一。大多数人认为我国人工酿酒起源于周代的杜康或仪狄，距今已有4000多年的历史。白酒类的蒸馏酒是我国首创，于宋元时期蒸馏酒开始传播，元代宋伯仁《酒小吏》中记载了100多种酒，还描述了中国白酒独有的“固态发酵、固态制曲、固态蒸馏、陶坛贮存”工艺，从而开启了蒸馏酒的传播。

酒类饮料的基本成分是酒精，化学名为乙醇。它是一种无色透明、易燃、易挥发的液体，具有特殊的芳香味，能与水及大多数有机溶剂混溶，因此可以调制成各种浓度。对酒精饮料的度量，一般用含酒精的体积分数（V/V）表示。通常可按酒精（乙醇）含量将酒饮料分为高度酒（酒精含量在40%以上）、中度酒（酒精含量在20%～40%之间）和低度酒（酒精含量在20%以下）三大类。标准酒度（又称为盖・吕萨克酒度）是指20℃条件下，每100mL酒液中所含纯酒精的体积（毫升）。通常用百分数表示，或用GL表示。啤酒的度数是指麦芽汁含糖的度数。各种酒的特色取决于所用的水质和制作工艺。

根据酒的商品特性，可将酒饮料分为白酒、果酒、黄酒、露酒和啤酒五类。根据酒的酿造工艺不同又可将酒饮料分为发酵酒、蒸馏酒和配制酒等三类。按照香型可以分为酱香型、浓香型、清香型、米香型和其他香型。

2.2.1 高度酒

高度酒均为蒸馏酒，以保证足够高的乙醇含量。其中最高者为美国伊州的“永不醉”酒，达95度（含乙醇95%，体积分数)。通常用含糖的食物如谷物、薯类等作原料，煮熟后在温度为24～29℃时发酵。此时糖酵解为乙醇，发酵产物称为麦芽浆。再经压汁（其固体称为酒糟)、蒸馏（温度应介于78～100℃之间)、陈化和勾兑而得。大多数新蒸酒因含某些芳香族物质而涩口，通过陈化步骤可改变其味道，使难闻的酸和杂醇相互作用生成香酯。在木桶中陈化数年，醇香味更浓。也可用活性炭吸附除去异味。

2.2.1.1 中国名酒

我国具有悠久的酿酒历史，也有与之对应的酒文化。有研究表明在3000年前殷商时期，就发源了中国露酒。在我国的历史长河中，各代都有咏酒名诗，如“对酒当歌”“酒旗相望大堤头”“吴刚捧出桂花酒”，因此白酒成为璀璨中华文化的一枝花。五粮液、古井贡酒、泸州老窖特曲、全兴大曲、茅台、西凤酒、汾酒和董酒并称“老八大名酒”。下面简介其中几种酒。

① 贵州茅台。已有2000多年历史。以高粱、小麦为原料，系酱香型曲白酒。采用多次加曲、多次摊凉、多次堆积、多次发酵，取酒后精心勾兑，再经3年以上贮存陈化（用坛密封埋在地下数年取出分装)，为世界名品。

② 山西汾酒。系高粱酒，先后经过多次技术改良。其再制品竹叶青即以汾酒为基酒，配砂仁、当归、竹叶等12种名贵中药材和纯净冰糖泡制而成。该工艺在1648年进行了改良，改良后的竹叶青酒味道更为芳醇，兼具保健功效。竹叶青酒是中国最早露酒工艺的唯一直接继承者。

③ 四川五粮液。用高粱、大米、糯米、玉米、荞麦等5种粮食按一定比例混合，以小麦制成的曲药为糖化发酵剂，贮于老窖内发酵后蒸馏出的大曲酒。采用双轮发酵，因此发酵周期长，再经过3～5年的陈放，酒体充分成熟，陈香更幽雅，窖香更浓郁，口感更加醇厚丰满、细腻圆润。

④ 陕西西凤酒。以高粱为原料，大麦、豌豆做曲，配以著名的柳林井水，用土窖固态续渣法发酵14天，蒸馏后经“酒海”贮存3年以上，精心勾兑而成。本酒始于周秦，盛于

唐宋，特点是“回味愉快，不上头，不干喉”。

⑤ 江苏洋河大曲。以优质高粱为原料，以小麦、大麦、豌豆培养的大曲为糖化发酵剂。酒厂内有1000年古井“美人泉”，水质纯正，用含有一种能产生窖香前驱物质的杆菌（芽孢杆菌）的红色黏土做发酵池，有此好水好土，从而使酒香甜兼备。以“绵柔型”作为白酒的特有类型被写入国家标准。

另外，还有许多极富特色的佳酿，如四川的剑南春、泸州老窖、安徽的古井贡酒、贵州的董酒、江苏的双沟、北京的二锅头等。

2.2.1.2 外国名酒

世界各国均有名酒，因各国文化不同，饮酒习惯不同，故而名酒很多，在此不一一介绍，仅选取部分进行介绍。

① 爱尔兰的威士忌（Whisky，意指“生命之水”）。以谷物特别是玉米、黑麦作原料，发酵芽浆分多步（一般为4步）蒸馏，在木桶中陈化8～15年，有独特香味，可直接饮用（先放冰块后放酒，以防热量过大）。

② 俄罗斯的伏特加。以马铃薯为主原料，其淀粉需用酶转化为糖，其特点是酒精含量高且无香味，通常用木炭除去杂质，经冰冻后饮用。

③ 法国的白兰地。以苹果、草莓、葡萄等为原料，由水果发酵浆蒸馏而得，陈化2年以上去涩，与水、咖啡、苏打水配用。法国白兰地用字母或星印表示白兰地贮存时间和长短，贮存时间越久越好。“V. S. O”代表12～20年陈的白兰地酒；“V. S. O. P”代表20～30年陈的白兰地酒；“X. O”代表40年陈的白兰地酒；一星代表陈化3年，二星代表陈化4年，三星代表陈化5年。

④ 美国的杜松子。以谷物和麦芽混合物为原料，发酵后重蒸得高酒精含量的混合液，并掺以松属植物的浆果、柠檬或橙皮等香料，可直接饮用或与其他烈性酒配用。

⑤ 朗姆酒。是以甘蔗为原料而得，其工艺和蒸馏酒相似，原料处理后通过酒精发酵，最后蒸馏取酒，须陈化1～3年。朗姆酒按口感可分为淡朗姆酒、中朗姆酒和浓朗姆酒。按照颜色可分为白朗姆酒、金朗姆酒和黑朗姆酒。

⑥ 特吉拉酒。是以一种叫龙舌的仙人掌类植物为原料而得的烈性酒。取球状仙人掌，先劈开放入整流器中蒸馏，再压碎，加入温水，用酒母发酵，蒸馏后用木桶陈化而得。特吉拉酒呈琥珀色，香味奇异，口味凶烈。

2.2.2 低度酒

低度酒即用葡萄、大麦、稻米等作原料，经发酵、澄清（不经蒸馏）、加工制得的乙醇含量较低的酒，含有大量酵素、维生素、微量元素，主要有黄酒、葡萄酒及各种其他果酒、啤酒。

2.2.2.1 黄酒

黄酒存在的历史也较久远，是中国独有的酒种。有报道称黄酒起源于商周时期，利用酒曲通过复式发酵法制得，一般酒精度在14%～20%之间。中国黄酒有三大派系，即浙江流派（绍兴黄酒）、客家流派（客家米酒）、湖北流派（孝感米酒）。南方以糯米为原料，北方以黍米、粟及糯米为原料。

黄酒按照含糖量可分为干黄酒（总糖量小于15g/L）、半干黄酒（总糖量在15～40g/L之间）、半甜黄酒（总糖量在40～100g/L之间）和甜黄酒（总糖量大于100g/L）。按原料分为糯米黄酒、黍米黄酒、大米黄酒。

一般黄酒作为料酒使用，在烹饪过程中使用黄酒以去除腥味。黄酒以浙江一带最有名，其中花雕酒就是其代表之一。花雕酒又名女儿红，一般指绍兴产黄酒，含有丰富的氨基酸和蛋白，因此其营养非常丰富。

2.2.2.2 葡萄酒

葡萄酒是世界上最古老的药物之一，它是一种优质补血饮料，治疗缺铁性贫血的一个古药方就是“牛肉、铁盐、葡萄酒”。葡萄酒含有多种维生素，常饮（以每天50～100mL为宜）可改变血液胆固醇和脂肪，具有降血压、降血脂的功效，可减少动脉粥样硬化的发病率，并有很好的放松作用和可口的味道刺激欲。红葡萄的皮中有一种“逆转醇”具有抗衰老作用。葡萄酒的制法是先制作优质果汁，然后用二氧化硫处理，杀死不需要的野酵母。把最好的酵母菌株培养基加到发酵罐的葡萄汁中，使糖分转化成酒。加胶或蛋清作为澄清剂并滤去悬浮物质得新酿的酒，既可供饮用，也可用陈化法去掉涩味。

葡萄酒可以根据颜色分为白葡萄酒、红葡萄酒、桃红葡萄酒。根据糖含量可分为干葡萄酒（<4g/L）、半干葡萄酒（4～12g/L）、半甜葡萄酒（12～45g/L）、甜葡萄酒（>45g/L）。按酿造工艺可分为静态酒（也称静止酒，指不含二氧化碳）、起泡酒（又称气泡酒，含有二氧化碳）和葡萄蒸馏酒。

葡萄酒品种极多，主要介绍以下几种。

① 法国的波尔多葡萄酒。有红色、白色或玫瑰色（由不同颜色的葡萄制成）。进餐或进甜食时饮用。饮时稍微冷却，效果更佳。

② 法国的香槟酒。是将原酒加少量糖经第二次发酵后制成的一种开胃酒，冷却后上桌，尽可能保持气泡。

香槟和起泡酒的区别，只有法国香槟产区的起泡酒才能称为香槟。香槟产区采用的是香槟酿造法（又叫二次瓶中发酵法），即酒在装瓶之后在瓶中加入一定量酵母，自然发酵生成CO_2。

③ 意大利红葡萄酒。用意大利红葡萄制成，适于进肉食或面糊时饮用。

④ 希腊的树脂酒。用希腊葡萄制成，含树脂松香味，特别适合食用鱼、猪肉或家禽等淡味菜肴时饮用。

⑤ 中国的丁香葡萄酒。用藏红花、丁香等中药和葡萄鲜汁发酵制成，可滋阴补脾、健胃驱风、舒筋活血、益气安神，尤其适宜妇女饮用。

2.2.2.3 其他果酒

其他果酒利用除葡萄以外的水果直接酿造而得，酿制时需要加入酵母发酵，水果中的糖分被发酵为酒精而得。一般同时具有水果的风味和酒香。在民间有很多自制果酒，要注意杂菌污染。有学者认为果酒中含有多酚，可以有效地清除体内自由基和抑制脂肪堆积，从而具有保护心脑血管、保护心脏的作用。利用白酒浸泡水果得到具有果香味的泡酒，不应当划分在果酒之列，因为果酒的酒精度一般在12%以下。

① 苹果酒。是经发酵的苹果汁，放在近冰点的温度中保存，倒出结冻的浓缩液体，以增加其乙醇含量，可冷饮也可热饮。也可按照酿造工艺分为起泡甜苹果酒、起泡苹果酒、苹

果汽酒等。

② 石榴酒。是石榴汁经发酵而得，保留了石榴中的多酚、氨基酸，具有生津化食、降脂、健脾养胃等功效。

2.2.2.4 啤酒

啤酒是一种主要以大麦为原料制成的，在其泡沫中富含蛋白质和有机酸的发酵饮料（乙醇含量通常为2%～8%），俗称“液体面包”，营养丰富。饮用少量（以每天不超过300mL为宜）啤酒，可松弛血管壁，使血管口径变大，血流增加；如与合适的膳食配合，边吃边饮，因啤酒酵母中含有微量元素硒和铬，可促进身体更好地利用碳水化合物，并搭配好各类维生素。痛风或尿酸高者不宜饮用。

啤酒的制作是使麦粒发芽后去根粉碎，加入碎米（以增加糖分）煮熟制成麦芽浆，由麦芽中的酶使淀粉转化成糖。过滤后将所得糖汁与啤酒花共煮，随后用酵母发酵。将澄清后的发酵麦芽汁过滤即得啤酒。在糖化过程中，淀粉酵素将淀粉分解成麦芽糖和糊精，蛋白质分解酵素将高分子蛋白质分解为可溶性低分子蛋白质。最后糖酵解成酒，并含有戊糖、氨基酸、色素、单宁及酸与醇反应生成的酯，因此啤酒有浓厚的香味和宜人的苦味。

2.3 茶叶中的化学

茶源于中国，流行于世界。世界上茶叶产地较多，但中国是最早使用茶叶的国家，也是产量最大的国家。在我国关于茶的经典著作首推唐代茶圣陆羽所著的《茶经》，对茶叶加工利用作了系统介绍。从我国茶文化发展的历史来看，茶叶很早就成了我国与域外民族的贸易商品，也成了世界性的饮品。一些游牧民族还把茶作为不可缺少的副食。

2.3.1 茶的化学成分及功用

我国有研究者曾分析过58种名茶，其干品中含水浸出物约40%，其中包括鞣质20%、茶素3%及水溶性矿物质3%～4%，它们赋予茶以某些特殊功能。下面对成分的作用进行介绍。

2.3.1.1 茶多酚

茶多酚又称茶单宁、茶鞣质，是茶叶中的一类多酚物质，包括儿茶素（catechin，C）、表儿茶素（epicatechin，EC）、没食子儿茶素（gallocatechin，GC）、表没食子儿茶素（epigallocatechin，EGC）、儿茶素没食子酸酯（catechin gallate，CG）、表儿茶素没食子酸酯（epicatechin gallate，ECG）、表没食子儿茶素没食子酸酯（epigallocatechin gallate，EGCG）等12种（化学结构见图2-1），是涩味及色素的来源。茶多酚对人体有重要作用，是增强微血管壁抵抗力的有效药物，并有利于抗坏血酸的吸收。

2.3.1.2 茶素

茶素又称茶碱，是构成茶苦味的主要成分（结构见图2-1），具刺激性，有提神强心之效，可强化筋骨伸缩功能，并有利尿作用，也是吗啡碱、烟碱及酒精的有效减毒剂和醒酒剂，服之使人感到心清（头脑清醒）目明。还可中和由偏食蛋白质或脂肪过多引起的酸。牧

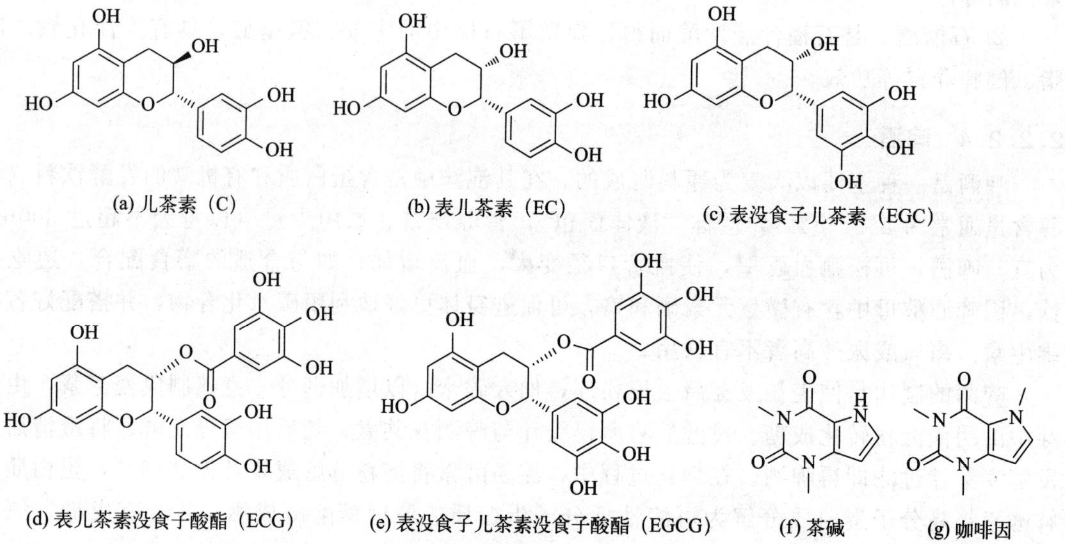

(a) 儿茶素（C） (b) 表儿茶素（EC） (c) 表没食子儿茶素（EGC）

(d) 表儿茶素没食子酸酯（ECG） (e) 表没食子儿茶素没食子酸酯（EGCG） (f) 茶碱 (g) 咖啡因

图 2-1 茶叶中部分化学成分的结构

区人们常食肉喝奶，故必须饮茶。

2.3.1.3 咖啡因

茶叶中含有咖啡因，是茶叶中的兴奋成分之一，是一种黄嘌呤生物碱（结构见图 2-1），其纯品多为白色粉末或结晶。

2.3.1.4 维生素

茶叶中含多种维生素，尤富含胡萝卜素、维生素 A、核黄素、维生素 B_2、烟碱酸（又名尼克酸），它们与所含的芳香油一起能溶解臭味物从而除口臭，可解油腻，并能降低血脂，软化血管，增强血管的韧性和弹力，预防脑出血及血管硬化。

2.3.1.5 微量元素

各地茶叶的微量元素含量不同，大多含有 Zn、Fe、Cu、V、F、Mn、Sr、Ti 等。例如氟，茶叶中含量高达 100mg/kg，有固齿作用。有报道称某些茶叶中富含硒（陕西汉中、湖北恩施），因而促进了茶的新用途的开拓。

2.3.2 茶的种类

我国茶的制作工艺随着科技的发展也屡经革新，目前主要有以下几种。

2.3.2.1 绿茶

将采到的茶叶尽快蒸或炒烤（称为蒸青或杀青），破坏酵素，防止变色，再经揉捻和干燥直到爽手为止。经这样处理，可破坏抗坏血酸氧化酶的活性，维持绿茶中较高的维生素 C（达数百毫克）。原茶成分在绿茶中保存最多，如各种醇（β-己烯醇、γ-己烯醇、苯乙醇）为茶赋香，各种糖及胶质（阿聚糖、半乳聚糖、糊精、果胶）给茶添味。我国的绿茶名品主要有浙江龙井、洞庭碧螺春、云雾毛尖、婺源绿茶、六安瓜片、信阳毛尖等。常饮绿茶有三大好处：一是绿茶中的茶多酚能抗癌；二是内含的氟能坚固牙齿；三是单宁能提高血管韧性，预防脑血管破裂。绿茶冲泡时宜用玻璃杯，可以看到绿茶的上下翻滚，尤以龙井和毛尖为美。绿茶冲泡时水温不宜过高，以防烫老茶叶，水温以 80 ℃为宜，且一开始水不要直接浇在茶叶上。

2.3.2.2 红茶

红茶是发酵茶。先将新茶叶摊放在空气流通的萎凋架上除去 1/3 的水分（称为萎凋），使叶柔软而有韧性；然后将萎凋的叶揉破细胞放出汁液，铺开并保持适当高湿度以发酵，此过程形成红茶特有的香气，且叶子变成古铜色；最后干燥除去水分即得红茶。经过发酵，维生素 C 几乎全被破坏，但含果糖、葡萄糖、麦芽糖以及游离氨基酸较多，因而富甜、鲜味，其香优雅且有刺激性（含酵素、醇等引起）。其名品有大红袍、祁门樟片、正山小种，印度的阿萨姆、大吉岭红茶和斯里兰卡的伯爵灰等。红茶品饮有两种，即清饮和调饮。清饮就是追求茶叶的本味，我国大多数地区都是采用清饮泡法；调饮泡法是在红茶茶汤中加入糖、牛奶、柠檬、咖啡、蜂蜜或香槟等，调饮在年轻人中流行。

2.3.2.3 乌龙茶

乌龙茶界于红茶、绿茶之间，为半发酵茶。先经萎凋（部分发酵），然后杀青（即停止发酵），制得红棕色带绿（绿叶镶红边）色似乌龙的叶片。其香较绿茶浓而较红茶醇和，且兼有二者的优点。例如我国黄心乌龙茶维生素 C 含量高达 712mg/100g。据研究乌龙茶有防癌功效，我国台湾乌龙、祁门乌龙、铁观音等驰名全球。

2.3.2.4 白茶

白茶不经杀青或揉捻，是只经过晒或文火干燥后加工的茶，外形芽毫完整，汤色黄绿清澈。白茶因茶树品种和原料要求不同，可分为白毫银针、白牡丹、寿眉和贡眉四种产品。采用单芽为原料按白茶加工工艺加工而成的，称为白毫银针；摘自福鼎大白茶、泉城红、泉城绿、福鼎大毫茶、政和大白茶及福安大白茶等茶树品种的一芽一二叶，按白茶加工工艺加工制作而成的称为白牡丹或新白茶；采用菜茶的一芽一二叶加工而成的是贡眉；采用抽针后的鲜叶制成的白茶称寿眉。福鼎白茶的代表有白毫银针、白牡丹等。云南白茶主要是晒青工艺，此工艺保持了茶叶原有的清香。

2.3.2.5 黄茶

黄茶属于轻发酵茶，加工工艺与绿茶相仿，只是在干燥前或后增加一道闷黄的工艺，使多酚、叶绿素等物质部分氧化。黄茶的关键工艺在于闷黄。黄茶按采摘鲜叶的老嫩、芽叶大小可分为黄芽茶、黄小茶和黄大茶。黄芽茶的代表有君山银针、蒙顶黄芽、鹿苑毛尖等；黄小茶的代表有沩山毛尖、平阳黄汤、秭归黄茶等；黄大茶的代表有广东大叶青、皖西黄大茶等。

2.3.2.6 黑茶

黑茶属于后发酵茶，以山茶科茶属乔木植物的叶为原料（一般较粗老），经过杀青、初揉、渥堆、复揉和烘焙等工艺制成。黑茶中富含维生素、氨基酸和矿物质等，饮用有降脂减肥、软化血管、预防心血管疾病等功效。黑茶可分为紧压茶、散装茶和花卷茶三大类。紧压茶主要有四砖，即茯砖、花砖、黑砖和青砖；散装茶有天尖、贡尖和生尖，被称为三尖；花卷茶则有十两、百两、千两等。黑茶的种类最少，代表有普洱茶、六堡茶（广西）等。

2.3.2.7 花茶

花茶是由绿茶的烘青毛茶及其他茶类毛茶加工成茶坯后，配进香花窨制而成。花茶适宜在春秋季节饮用。不同香花配制而成的花茶的保健功能不同，例如茉莉花茶有提神、止腹痛等功效，菊花茶具有疏风清热、平肝明目、降血压和胆固醇等作用。

2.3.3 茶文化

所谓茶文化主要指饮茶的方式和习惯，世界各地各有特色。中国是使用茶最早的国家，是茶文化的发源地，但历史更替，于盛唐时流入日本，日本茶道对唐时期的茶道保存完好。茶道具有一整套饮茶的礼仪，讲究将茶放在精美的陶器中煮后取汁饮用。我国幅员辽阔，各地域因地域因素和文化差异有各地特色的茶文化和喜好。长江流域（川、湘、江、浙）人喜喝绿茶；福建、汕头的人则嗜乌龙茶；北京人欣赏香气浓烈的花茶，特别是茉莉花茶；湖南人沏茶时放入炒好的大豆，称为“豆汁茶”；江苏、浙江人则放入橄榄，是为“元宝茶”，既赋香、提味，又象征好运气。

2.3.3.1 奶茶

奶茶是蒙古族每餐必备的饮料，系将剁碎的砖茶和牛、羊奶及盐放在铜壶或铁罐里煮开制成。由于含动、植物营养素及微量元素特别是维生素和酵素等，有利于脂肪的吸收。

2.3.3.2 酥油茶

酥油茶是西藏人每日的必需品，即将煮过的砖茶、黄油和盐充分搅拌直至变稠，和糌粑(用大麦做成的面包)、牛肉及羊肉一起吃。

2.3.3.3 煮茶

煮茶是俄罗斯的古老习惯。用一只铜或银制的大而优美的火壶，装约 6L 开水煮沸；火壶的顶部为盘形，可放一只小茶壶，内盛保持滚烫的浓茶。在饮用时，取 1/4 杯浓茶，再用大壶中的开水倒满。

2.3.3.4 冰茶

西方人喜欢将沏出的浓茶汁注入有 2/3 冰的高脚玻璃杯中，根据各人的口味加糖、牛奶、柠檬、丁香、威士忌酒等。

2.3.3.5 袋泡茶

袋泡茶由日本人提出并取得专利，是将药粉粉碎为 10～32 目后装入能耐沸水的滤纸袋中，用沸水冲泡 10min 后，有效成分即浸出。由于药渣留于袋内，故药液澄明，可代茶作饮料用，通常浸泡二汁后即弃袋及渣。

2.4 其他含咖啡因的饮料

其他含咖啡因的饮料主要指咖啡、可可等，是一类含咖啡因的中等刺激性饮料。它们除含有各种生物碱外，还含有较为丰富的维生素、蛋白质、微量元素、纤维素等。咖啡和可可也可以与其他营养物一起加工成多种食品。

2.4.1 咖啡

咖啡是热带的咖啡豆经200～250℃烘烤和磨碎后制成的饮料。咖啡的主要成分为蛋白质（14%）、脂肪（12.3%）、糖（47.5%）、纤维（18.4%）、灰分（4.3%）。当制成饮料后，溶于水的有用成分有咖啡碱（提供刺激性）、咖啡酸（又称绿原酸，提供咖啡色素）、蛋白质、单宁（涩味），以及黄酮类、酚酸类、萜类等多种化学物质。咖啡的特点及判断其质地优劣的依据是其特有的咖啡香和味，这是由咖啡中的碱、酸和脂肪在烘焙过程中酯化形成的。

从咖啡中发现的化学成分超过1500个，其香气成分达800多种。咖啡的挥发性成分多为含氧、含氮或含硫的杂环化合物，还有部分萜烯羰基与酚基化合物。小果咖啡、中果咖啡果实中的生物碱主要是咖啡碱、可可豆碱和茶碱；大果咖啡液中还发现1,3,7,9-四甲基尿酸、大果咖啡碱、甲基大果咖啡碱。咖啡中的油性成分中含有β-谷甾醇、豆甾醇、菜油甾醇、胆甾醇，以及微量的7-豆甾-烯醇、亚油酸、5-燕麦甾-烯醇、油酸、7-燕麦甾-烯醇等。

2.4.2 可可

将热带可可树之果实可可豆，经发酵、洗净、干燥、焙炒而生香后，去掉壳和胚芽，将留下的胚乳磨成细粉，此时产生的热量足以使其中所含的脂肪溶化，生成溶脂（可可脂，熔点约37℃）和果肉粉，形成稠状物，称为可可浆，这是制作可可系列食品的基础。其主要成分为糖（38%）、脂肪（22%）、蛋白质（22%）、灰分（8%），还有6%的单宁、3%的有机酸及少量咖啡碱、可可碱和酵素等，后一类特征成分使可可具有苦、香、涩味、刺激性及深色。本品营养丰富，可加工成多种美食，其特点是脂肪含量高，属于高能食品。

2.4.2.1 可可粉

往可可浆中加入碱性化合物（钠、钾、铵、镁的碳酸盐）以改变其味和色。经压榨挤出可可脂，再经冷却、粉碎和过筛，即成可可粉。其脂肪含量在10%～22%，是牛奶等饮料的香味添加剂，可以和麦乳精调制成各种可可饮料。

2.4.2.2 巧克力饮品

将可可豆磨粉加水、糖和香精制成饮料，就是最初的巧克力饮品。最初是在墨西哥发现的这种饮用方法。在巧克力饮料中加入可可脂使其固化，就得到咀嚼的固体巧克力。

2.4.3 可乐

可乐最初是由可乐果提取汁后兑水制得，亦称可口可乐。可乐是含少量咖啡因（不超过0.002%），并含有CO_2的含糖饮料。目前世界上最著名的品牌有百事可乐和可口可乐两大品牌。这种饮料消费量在食品中占据非常大的份额，并成为世界各国最盈利的行业之一。

两大主营品牌的可乐在主成分上大致相同，仅在微量成分上体现出不同。口感的变化奥秘集中在配料的选用上，所选用的配料主要有以下几种。

① 甜味剂。营养型甜味剂有干糖、转化糖、葡萄糖、果糖、玉米糖浆、山梨醇等，单独或混合使用（占9%～14%），也可用非营养型的糖精或其他甜味剂。

② 香料。可用从水果、蔬菜、树皮、根、叶等中提取的天然味料，也可用食用香精。

③ 酸。单独或混合使用的食用酸有醋酸、柠檬酸、葡萄糖酸、乳酸、苹果酸及磷酸等。

④ 刺激剂。主要为乙醇及咖啡因。香料、酸、刺激剂、防腐剂、乳化剂、稳定剂、发泡剂和黏稠剂只占小部分（约 1%），所以主要还是甜味剂的选择及其他成分的配比。早期的可乐专指用可乐果提取液配以酸橙油、香料油、磷酸制得的含二氧化碳 3.5 体积的焦糖色饮料，而现在市场上销售的可乐泛指任何含咖啡因（天然来源或人工加入均可）的苏打水。

2.4.4 红牛

红牛是一种能量饮品，是由水、糖、咖啡因和维生素组成的“滋补性饮料”。其能够帮助人在长时间工作或驾驶中保持清醒和精力充沛，最开始是在泰国上市，后面引进我国。在国内有红牛维生素风味饮料和红牛维生素牛磺酸饮料两种。

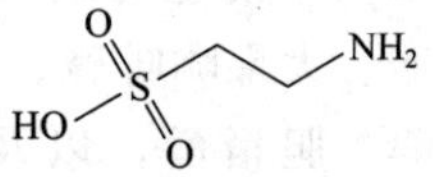

图 2-2 牛磺酸的结构式

牛磺酸的化学名称为 2-氨基乙磺酸，分子式为 $C_2H_7NO_3S$，结构式见图 2-2，为白色结晶性粉末，易溶于水，广泛用于医药、食品添加剂等中。牛磺酸在人体内广泛存在于细胞内液和外液中，各个器官和组织均有分布。牛磺酸有调节机体正常生理活动、调节神经传导、增强心脏收缩能力等生理功能。

2.5 软饮料

以充碳酸气的矿泉水为基础制得的汽水、果汁等饮料，为了与含酒精的“硬”饮料相区别，故称“软饮料”。也可以是用增甜剂、可食性酸、天然的或人工的调味品调制、加工而得的加味水。其特点是富含维生素、微量元素、有机酸等，具有优良的助消化功能，主要有苏打水和各种果汁。

2.5.1 苏打水

苏打水由饮用水吸收二氧化碳制成，包括矿泉水、汽水。

2.5.1.1 矿泉水

矿泉水指来自地壳深处的天然露出或经人工开采的适于饮用的水，其特点是含盐量低（8g/L 以下）、富含微量元素、溶有二氧化碳。长期饮用含盐量高的矿泉水，易患高血压病，而饮用含盐量低的水，则几乎不发生高血压病。矿泉水是销量很高的饮品之一，世界各地有名的矿泉水具有各自的特点，例如有些是碳酸氢根含量高，有些含锶，而有些则含锂等。目前市售的矿泉水的 pH 值在 7.02～8.4 之间，部分产品的溶解性总固体（TDS）接近 500mg/L。

2.5.1.2 汽水

汽水由矿泉水或饮用水充入二氧化碳制成，其品位受水质（主要是硬度高低、氯化物含量多寡）的影响。首先要选择合适的水，经消毒、过滤。酸甜味料溶液要多次过滤，务求清澈透明，以保证存放不变质。香料的调制也十分重要，应根据不同的品种确定比例。小苏打的加入量应精确控制，通常应经小型兑制、品尝、鉴定、消毒等程序以保证质量。关键是所用二氧化碳的量不少于 1atm（1atm=1 个标准大气压=101325Pa）下、15.5℃的饱和溶液浓度（随汽水质地而异，通常为 1～4.5 体积）。不含酒精或只含作为调味用的酒精，其量不超过 0.5%。

2.5.2 果汁

果汁由各种水果压汁制成，保持了原果的营养或更优配比，按其成分及加工方式可分为原汁、强化汁、干燥果粉（果晶）等。

2.5.2.1 原汁

将洗净的原果压汁。有的在压汁前通过适当装置将果皮、茎和种子同果肉、果汁分开，再将肉及汁适度预热，通过酶促反应使果肉分解后再榨汁。取汁过滤，进行短时间的巴氏灭菌（57.2℃加热），以便久存。果汁原汁通常含有糖、维生素及矿物质等营养成分，是婴儿及老年人的良好饮料。

常见的果汁原汁有：a. 鲜苹果汁，富钾、铁，少维生素 C；b. 葡萄汁，富铬、钾，缺维生素 C；c. 橘汁，富钾及维生素 C、维生素 A；d. 菠萝汁，富钾和维生素 C；e. 红果汁，富维生素 C 和铁。

2.5.2.2 强化汁

① 浓缩汁。在 40℃下真空浓缩至体积为原来的 1/6～1/3，再加入强化剂（主要是维生素 C），即得强化汁。所用维生素 C 以生理活性最高的 L 型为主，D 型的生理功能仅为 L 型的 5%，但有助于保持化学稳定，故亦应少量加入。强化汁除营养价值高外，还有助于保持原汁的色泽。

② 掺和汁。多种果汁混合，例如两种或多种柑橘汁混合或呈冰冻浓缩剂形式，使其营养互补。也可和饮料混合，如橘乳即由橘汁、干酪乳清蛋白（含量 3%～3.5%，几乎与牛奶相同）组成，再加糖、香料等，营养极丰富。

③ 花粉或蜜汁饮料。是由不同花的特殊腺体分泌的糖浆状液体加果酱、果汁、甜味剂、柠檬酸和维生素 C 强化制成的。如不强化，花粉及蜂蜜营养主要限于糖分，其特点是香味浓郁，可引起良好的生理效果。

2.5.2.3 果晶

果晶即干燥的果粉或果片，为含 98%固体物的脱水果汁的精品，可低温干燥或冷冻干燥，果粉可加维生素 C、微量元素及酸甜剂和香料进一步强化。市售各种果珍、果宝均属此类。市场上供应的香蕉干（即将香蕉去皮后烘干）、葵籽（将向日葵籽脱壳）、核桃肉（将核桃去壳取肉）均富含各种营养，且食用方便。我国各地特产如桂圆肉（将龙眼肉用糖渍成黏状物）、荔枝干（荔枝干燥后去壳）、枣糕（将酸枣煮熬成泥后摊片晒干）、果丹皮（山楂煮熟加工成片或块状）、果脯等均为果制佳品。与果粉类似，含水分稍大的有果酱，由果肉与淀粉及糖分制成。它们的特点是营养成分更高，且包装方便。

参考文献

[1] 王云生. 饮食与化学漫谈 [M]. 北京：化学工业出版社，2020.
[2] 李祥睿，陈洪华. 饮料制作与调配 [M]. 北京：化学工业出版社，2020.

[3] 陈智栋，北條正司（日）. 酒中的化学 [M]. 北京：中国石化出版社有限公司，2020.
[4] 范文来，徐岩. 酒类风味化学 [M]. 北京：中国轻工业出版社，2020.
[5] 蔺毅峰. 软饮料加工工艺与配方 [M]. 北京：化学工业出版社，2006.
[6] 田海娟. 软饮料加工技术 [M]. 3版. 北京：化学工业出版社，2018.
[7] 许姗姗. 储藏环境对普洱茶化学品质的影响 [D]. 合肥：安徽农业大学，2019.
[8] 顾谦，陆锦时，叶宝存. 茶叶化学 [M]. 合肥：中国科学技术大学出版社，2022.
[9] 边世平. 茶叶的化学成分及其保健作用 [J]. 青海大学学报（自然科学版），2004，4（22）：64-65.
[10] 梅光泉. 茶叶中的微量元素 [J]. 微量元素与健康研究，2004，21（1）：49-52.
[11] 张绍龙，邱碧丽，刘超，等. 云南小粒咖啡中咖啡因含量比较分析 [J]. 云南化工，2018，45（7）：79-81.
[12] 杜雄健，俞敏，刘海棠，等. 咖啡渣多糖及咖啡因、多酚协同抗氧化性分析 [J]. 天津造纸，2017，39（2）：7-10.
[13] 邱明华，张枝润，李忠荣，等. 咖啡化学成分与健康 [J]. 植物科学学报，2014，32（5）：540-550.

第3章 香烟与化学

香烟是一种烟草制品，在当今社会已经具有很大的经济体量，消费人群庞大，很多人对香烟的认识有很大的局限性，对香烟与化学相关的知识认识不足，本章介绍香烟与化学的关系，帮助人们更为全面地认识香烟。

3.1 烟草发展史

根据调查，现在普遍认为烟草和吸烟都源于美洲印第安人。在美国亚利桑那州的帕布罗城，公元650年前后印第安人居住的洞穴遗址中发现了烟叶和烟斗，烟斗中有烟灰。1492年，意大利航海家哥伦布发现美洲新大陆，烟草也被他们带回欧洲，从此烟草和吸烟走向世界。

烟草传入我国，大致时间在明万历后期。经考证可能有三条传播路线。第一条路线是从菲律宾传到我国福建，再传到广东和浙江。第二条路线是从南洋传入广东，后来又随军队传入北方。明代杨士聪《玉堂荟记》记载："烟自天启末（公元1620—1627）调广兵，乃渐有之。"第三条路线是从日本到朝鲜，再传到辽东，后由辽东传入。据记载，万历四十四、四十五年（公元1616—1617）由日本输入朝鲜，后来由商人带入沈阳，清太宗以其非土产，下令禁止。

烟草初入中国，便风行一时，"辛酉壬戌（公元1621—1622）以来，无人不服，对客辄代茶饮，或谓之烟茶，或谓之烟酒。至种采相交易。久服者知其有害无利，欲罢而终不能焉。世称妖草。"此时的人们对其药用价值及危害都有一定的了解。方以智在《物理小识》卷九记载："其性可以祛湿发散，然服久则肺焦，诸药多不效，其症为吐黄水而死。"又如广东《高要县志》记载："服之以御风湿，独取一时爽快，然久服之面目俱黄，肺枯声干，未有不殒身者，愚民相率服习，如蛾赴火，诚不可不严戢之。"当时崇祯曾下令严禁烟草，但未能长效。辽东地区新崛起的后金（即清前身），初时也是严禁，但只禁众人，不禁王公贝勒，故而在当时起的作用并不大。后来便规定，凡欲用烟者，唯许人自种而用之，不得从国外走私输入。

到了19世纪末，中国真正的香烟开始登上历史舞台。1889年，美国人"菲里斯克"带着"品海"牌10支装香烟到上海试销取得成功。次年，"纸烟"正式输入中国。1891年，由美商投资兴办的“美商老晋隆洋行卷烟厂”于天津成立，这是我国境内最早创办的卷烟厂。1899 年，广东商人在宜昌开办了我国最早的民族资本的卷烟厂“湖北宜昌茂大卷叶烟制造所”，由此拉开了“烟草”作为商品在近代中国的发展史。

3.2 烟草的主要化学成分及对卷烟质量的影响

1960 年以前，人类在所有类型的烟叶中鉴定出 200 余种化学成分，在烟气中也仅鉴定出约 450 种的化学成分。

根据《烟草及烟气化学成分》所述，在烟草和烟气中被确认的成分种类已超过 8400 种，目前从烟草中鉴定出化学成分超过 5600 种，从烟气中鉴定的化学成分超过 6000 种。

随着添加剂的加入，对烟草所含化学成分的探讨是一个不断更新的课题，也是一个任重而道远的长期研究课题。从目前卷烟生产对烟叶的要求来看，烟叶的主要化学成分和特性对烟草质量产生的影响较大。

3.2.1 烟叶的主要化学成分及特性

3.2.1.1 碳水化合物

烟叶中的碳水化合物有可溶性的糖和不溶性的多糖。

(1) 可溶性的糖（有单糖和双糖）

烟叶中的葡萄糖和果糖属于单糖，蔗糖和麦芽糖属于双糖。因为葡萄糖分子结构中含有醛基（—CHO），又称醛糖；果糖分子中含有酮基（—C═O），又称酮糖。醛基和酮基在碱性溶液中都能还原酒石酸铜，所以在烟草化学分析中，用这一性质来检测烟叶中单糖含量。烤烟单糖含量一般在 10%～25%之间，单糖含量的高低是衡量烟叶优劣的重要因素。

(2) 不溶性的多糖

不溶性多糖属于高分子碳水化合物。烟叶中的多糖包括淀粉、纤维素和果胶等。多糖与单糖、双糖不同，它既不溶于水，也无还原能力，但在酸性条件下和酶的作用下也能水解成单糖，但数量很少，所以在烟叶中起的作用也较少。淀粉在成熟的烟叶中含量为 10%～30%，在发酵过程中转化为单糖、双糖及糊精，所以为提高烟叶内在质量，烟叶发酵是一个重要步骤，发酵技术的高低直接影响淀粉的转化率。

纤维素是构成烟叶细胞组织和骨架的基本物质。烟叶中纤维素的含量一般在 11%左右，它随着烟叶等级的下降而增加。

果胶在烟叶中含量为 12%左右。果胶影响烟叶的弹性、韧性等物理性能。由于果胶的存在，当烟叶含水分多时，烟叶的弹性、韧性就增大，含水少时就发脆易碎。果胶分子结构中还含有甲醇，影响烟草吃味。因果胶分子易水解，烟叶在发酵过程中在酶的催化下，果胶发生水解便可除掉甲醇，提高烟叶质量。

3.2.1.2 含氮化合物

烟叶中含氮化合物较多，主要有蛋白质、烟碱和游离碱。

(1) 蛋白质

烟叶中的蛋白质对烟叶质量影响较大，在燃烧时会产生一种臭鸡蛋味，其含量在5%～15%之间。蛋白质中氮元素的平均含量为16%，在检测烟叶化学成分时不直接检测蛋白质，而是通过测得的氮元素来换算出蛋白质含量。从烟株部位来看，中部烟叶含量低于上部烟叶。它随着烟叶等级的下降而增加，以顶叶含量最高。

（2）烟碱

烟草之所以能区别于其他植物主要是因为含有烟碱，烤烟含烟碱在0.5%～3%，而晾晒烟中烟碱含量在5%以上。从烟株部位来看，上部烟叶含量最高。烟碱容易和酸进行化学反应，与草酸、柠檬酸作用，生成草酸盐和柠檬酸盐，与硅钨酸作用生成烟碱硅钨酸的白色沉淀，用此法可检测烟叶中烟碱含量。50℃左右烟碱与水反应生成水合物，并具有和水蒸气共同挥发而不分解的特性，利用此性质可提取烟碱。

（3）游离碱

烟叶中还有一种游离碱，虽然含量很低，但对卷烟质量的影响很大。卷烟在燃烧时，挥发碱受热进入烟气中，对人的感官产生一种辛辣刺激，但烟气中还必须有一定量的挥发碱，用以中和酸度较大的烟气，使烟气丰满，吸食后感到舒适。

3.2.1.3 有机酸

烟叶中有机酸种类在650多种，大部分为二元酸和三元酸，其中以柠檬酸、苹果酸、草酸、琥珀酸含量最多，这四种酸占烟叶中有机酸的70%，虽然含量高但不是挥发酸，所以对卷烟香气无明显影响，但对卷烟的吸食品质影响较大。它可增加烟气酸性，中和游离碱，降低烟气的辛辣、呛喉现象，使烟气变得甜润舒适，所以在卷烟生产中，经常加入有机酸来调整卷烟吸味品质，尤其对于那些含糖量低、含氮量较高的烟叶，在生产中加适量有机酸更为重要。

3.2.1.4 矿物质

烟叶中的矿物质种类繁多，一般含量为10%上下。从烟株的部位来分，以下部烟叶含量较高，其中对烟草影响较大的有钾和氯。

烟叶含钾高则燃烧性和阴燃持火力都较强，烟灰也好。氯离子在烟叶中含量高低，直接影响烟草的燃烧性，若含量在1%以下可使烟草柔软减少破碎，若超过1%则燃烧性较差，当氯离子达到1.5%以上时烟草就熄火。以上是一种概括的说法，确切地说要看钾氯比值，二者比值在4以上燃烧性就好，阴燃持火力强，若在2以下则烟草熄火，所以应把钾氯比调节到适当的值。

3.2.2 烟叶的主要化学成分对卷烟质量的影响

卷烟质量分外在质量和内在质量。外在质量是指卷烟各种物理性能指标，如硬度、吸阻、重量等，这些指标受卷烟生产过程各个环节的影响。内在质量是卷烟在燃烧后，所产生的烟气中的各种化学成分含量及比例关系对人的感官产生的各种感觉的一个总的反映。近一二十年来烟草企业都将烟气分析作为衡量卷烟质量的重要依据，卷烟烟气的质量优劣主要是由烟叶所含的主要化学成分及比例关系的协调性决定的，所以在设计卷烟配方时，烟叶的主要化学成分指标是选评烟叶优劣、确定各等级烟叶比例及评价卷烟烟气质量的重要依据。

为了设计出一个优质卷烟产品或保持卷烟内在质量的稳定，就应以烟叶的主要化学成分为依据，结合配方师的经验来设计卷烟配方。

3.2.2.1 总糖量对卷烟质量的影响

烟叶的含糖量一向被认为是体现卷烟良好品味的重要标志。在一定的幅度范围内，含糖量高则卷烟的品质好。由于糖在燃烧后产生的烟气呈酸性，可以中和烟气中的游离碱（氨），消除烟气产生的辛辣和呛喉的刺激。

烟叶中的蛋白质对卷烟是一种不利因素，燃烧后产生一种使人不愉快的气味。为了调节好烟气，施木克教授用糖和蛋白质的比值来说明卷烟吸味品质和烟叶品质，称之为施木克值，比值高表明卷烟含糖量高，含蛋白质低，卷烟档次高、品质好。

糖的存在对卷烟质量起到一定的作用，但不能认为糖是卷烟质量的决定性因素，更不能认为烟叶含糖越高越好，蛋白质含量越低越好，各自应有一个适宜范围，糖一般在18%～25%为佳，蛋白质一般在5%～10%为好。而且两者应有一个比较适宜的比例关系，所以施木克值也不是越高越好，一般掌握在2～3之间比较适宜。糖是卷烟的有利因素，但在卷烟中不能单独发挥其作用，还必须和烟碱协调起来，才能使烟气丰满、醇和、吃味甜润、舒适。若糖高、烟碱低，烟气无劲头，吸味平淡，香气不足，吸食后不过瘾；若烟碱高、糖低，烟气劲头大、不醇和，吸后无舒适感。为此国内外的卷烟配方师们又在长期的研究和实践中寻找出糖和烟碱适宜的比例关系，称为糖碱比值，此值一般在（10∶1）～(15∶1) 为宜。

3.2.2.2 烟碱含量对卷烟质量的影响

烟碱俗称尼古丁，是烟草特有的植物碱，是影响烟叶质量的重要化学成分，具有产生兴奋的刺激作用，同时也是卷烟产品质量稳定的主要标志，所以控制卷烟产品中的烟碱含量是控制卷烟质量的一项重要指标。

配方师在选择烟叶拟定配方时，必须掌握各等级烟叶的烟碱含量和配方烟丝中的烟碱含量，一般要求烟碱含量控制在1.2%～2.2%之间比较适宜，但这不是硬性规定，配方师可根据设计产品的需要和当地消费者的口味来确定烟碱的高低。

现在的卷烟生产方向为中焦油和低焦油卷烟，但降低焦油的同时烟碱也会降低。配方师必须采取措施保证烟碱在低焦油卷烟中的含量，或者说烟碱和焦油之间要有一个适当的比例关系。经研究和实践认为（10∶1)～(15∶1）适宜，也就是说每支烟含焦油10～15mg、含烟碱1mg，配方师在设计卷烟配方时应特别重视这个比例关系，而且要保持它的稳定性。

3.2.2.3 尼古丁值对卷烟质量的影响

烟叶中除了烟碱外，还含有一种挥发碱（游离态烟碱），它的含量高低不决定烟的劲头，而决定烟气是否辛辣、呛喉。为了控制挥发碱的含量，引用了一个尼古丁值来表示。此值是烟叶中的总烟碱被总挥发碱除所得的商值，称尼古丁值。此值越大表明挥发碱含量越低，烟气就越舒适平和，此值越小烟气就越辛辣、呛喉。由此可见尼古丁值与卷烟质量呈正相关关系，在一定范围内此值越高，卷烟档次越高、质量越好。

3.3 香烟中的主要有害化学物质

众所周知吸烟有害健康，但是到底是香烟中的哪些物质在危害我们的健康？本小节将对香烟中的主要化学物质的毒理作简要的阐述。

3.3.1 烟碱

烟碱即尼古丁，是一种难闻、味苦、无色透明的油质液体，挥发性强，在空气中极易氧化成暗灰色，能迅速溶于水及酒精中，通过口、鼻、支气管黏膜，很容易被机体吸收。粘在皮肤表面的尼古丁亦可被吸收渗入体内。当尼古丁进入人体后，会产生许多作用，例如四肢末梢血管收缩、心跳加快、血压上升、呼吸变快、精神状况改变（如变得情绪不稳定或精神兴奋），并促进血小板凝集，是造成心脏血管阻塞、高血压、中风等心脏血管性疾病的主要帮凶。

尼古丁也是烟瘾形成的原因。尼古丁能与大脑中的乙酰胆碱受体结合，使脑中的多巴胺增加，产生幸福感和放松感，最后可能会因吸食而有成瘾的现象。烟草燃烧产生的烟中包含了单胺氧化酶抑制剂，单胺氧化酶会分解单胺类神经传递物、多巴胺、肾上腺素和血清素，这就使吸烟带来的幸福感更加持久。

3.3.2 烟焦油

烟焦油是指吸烟者使用的烟嘴内积存的一层棕色油腻物，俗称烟油。它是香烟中的有机质在缺氧条件下不完全燃烧的产物，是众多烃类及烃的氧化物、硫化物及氮化物的极其复杂的混合物，其中包括苯并芘、镉、砷、亚硝胺以及放射性同位素等。多种致癌物质和苯酚类、富马酸等促癌物质作用的特点是，虽其量极微，但具有经常、反复、长期的积累作用。

焦油中的致癌物质和促癌物质能直接刺激气管、支气管黏膜，使其分泌物增多、纤毛运动受抑制，造成气管支气管炎症；焦油被吸入肺后，产生酵素，使肺泡壁受损，失去弹性，膨胀、破裂，形成肺气肿；焦油黏附在咽、喉、气管、支气管黏膜表面，积存过多、时间过久可诱发细胞异常增生，形成癌症。美国癌症协会指出：每天吸烟少于 10 支的吸烟者患肺癌的机会是不吸烟者的 5 倍；若每天吸烟多于 2 包，则是 20 倍。全世界每年死于肺癌者高达 100 万人，其中 90%是由吸烟直接引起的。

下面以苯并芘作主要有机致癌物代表，以镉、铬、砷、铅等作主要重金属代表，介绍烟焦油的有害化学组分和其他刺激性物质。

3.3.2.1 苯并芘

苯并芘又称苯并［*a*］芘，英文缩写 BaP，是一种常见的高活性间接致癌物。3,4-苯并芘释放到大气中以后，总是和大气中各种类型微粒所形成的气溶胶结合在一起，8μm 以下的可进入尘粒中，吸入肺部的比率较高，经呼吸道吸入肺部，进入肺泡甚至血液，导致肺癌和心血管疾病。

3.3.2.2 重金属

香烟中的重金属种类较多，危害比较重的有 Cd、Cr、As、Pb。主要危害如下：

① 镉（Cd）。可在人体中积累，引起急、慢性中毒。急性中毒可使人呕血、腹痛，最后导致死亡；慢性中毒能使肾功能损伤，破坏骨骼，致使骨痛、骨质软化、瘫痪。

② 铬（Cr）。对皮肤、黏膜、消化道有刺激和腐蚀性，致使皮肤充血、糜烂、溃疡、鼻穿孔，患皮肤癌。可在肝、肾、肺中积聚。

③ 砷（As）。慢性中毒可引起皮肤病变，神经、消化和心血管系统障碍，有积累性毒性

作用，破坏人体细胞的代谢系统。

④ 铅（Pb）。主要对神经、造血系统和肾脏造成危害，损害骨骼和造血系统，引起贫血、脑缺氧、脑水肿，出现运动和感觉异常。

3.3.2.3 气体污染物

除了以上几种致癌物质外，香烟的烟雾中还含有大量的有害气体，如一氧化碳、丙烯醛、氢氰酸、一氧化氮、二氧化氮、丙酮、硫化物、氨、酚、乙醛等。其中前5种是毒性极强的物质。例如，二氧化氮气体可以引起咳嗽和肺炎。香烟的烟雾中二氧化氮气体的浓度比被严重污染的空气还要高200倍左右。但是其中最有害的物质应该是大家都很熟悉的一氧化碳，在香烟的烟雾中，一氧化碳大约占4%。

3.3.2.4 刺激性物质

香烟的烟雾中还含有大量的氨、挥发性酸、乙醛和酚等刺激性物质。它们刺激气管的黏膜和肺，从而增加气管的分泌物——痰。痰一多，便自然而然地要咳嗽，以将痰排出体外，这便是通称的“烟咳”。这种慢性的咳嗽和不正常的多痰侵害了支气管及肺的功能，进而引起多痰性支气管炎和阻塞性肺气肿等疾病。

参考文献

[1] 川床邦夫．中国烟草的世界［M］．张静，译．北京：商务印书馆出版社，2011.
[2] 班凯乐．中国烟草史［M］．皇甫秋实，译．北京：北京大学出版社，2018.
[3] 吴灵，尹键，柴向锋，等．烟草化学成分分析研究进展［J］．株洲师范高等专科学校学报，2002，5（7）：19-22.
[4] 谢剑平．烟草香料技术原理与应用［M］．北京：化学工业出版社，2009.
[5] 谢剑平．烟草与烟气化学成分［M］．北京：化学工业出版社，2011.
[6] 张峰，李新实，张峰，等．烟草安全与控烟检测技术［M］．北京：科学出版社，2017.
[7] 唐世凯．烟草产业绿色发展策略与关键技术［M］．北京：化学工业出版社，2021.
[8] 李云生，李文琴，李康．红烟草中有害化学物质的来源、控制及检测方法［J］．云南农业科技，2014，4：59-63.
[9] 贺远．烟草重金属镉的吸收积累规律及其影响机制研究［D］．北京：中国农业科学院，2014.
[10] 艾伦·罗德曼，等．烟草及烟气化学成分［M］．2版．缪明明，等译．北京：中国科学技术出版社，2017.

第4章 药物与化学

自诞生以来，人类就在和疾病作斗争。随着科技的进步和医药事业的发展，人类的平均寿命不断延长，这与医药事业的发展分不开，也与化学学科的发展紧密相关。为了更好地让大家认识到医药事业为人类健康做出的贡献，更为全面地了解化学在药物发展中的作用，本章将药物与化学的关系介绍给大家，同时引入典型案例，帮助大家认识常规药物，同时建立正确的用药观。

4.1 中药与化学

医药起源于漫长的历史长河中，各地区医药的发展历史不尽相同。在原始社会人类以服用生药为主。有研究者认为，在上古时代，中国的药学知识要落后于埃及、希腊等地区。在人类社会的发展中，中国在《神农本草经》《伤寒论》等医学著作问世以来，药学水平在大约1500年时间内居于世界前列，后期由于工业革命的出现，西方工业手段的发展以及西方国家对我国的技术封锁，因此部分西方国家的化学药品较我国更为先进。

人类对药物的探索一直不断前进，人类的生存寿命也在医药发展的同时得到了极大的改善。

4.1.1 中药

人类对药物（主要指中药）的认识分为无意识认识和有意识认识两种形式。无意识认识主要在早期，人类进行狩猎、采食植物等劳作中出现中毒，通过当时的语言在部落内相互传播。有意识认识主要是在人类经验积累到一定的时候，对疾病的防治具备一定的能力，当新的疾病产生时，人类有意识地尝试从动植物中寻找对疾病有效的药物，因此使人类对自然界中具有药用功能的植物有了深刻的认识，在这段时期有较为大量的医药著作问世。例如公元前5世纪被后人称为“希腊医药之父”的希波克拉底，其著作中涉猎400余种药材；公元前后由迪奥斯科里季斯所作的《药物论》(*De Materia Medica*) 中记载了500多种药物；公元1世纪罗马人普林尼留有《博物志》一书，记载了大约1000种植物；古罗马的盖仑

（C. Galen）在其著作中记载了540种植物药、180种动物药，并且强调将生药制作成膏剂后服用。

在我国，《诗经》中记载了100余种药用植物，如益母草、甘草、贝母等。在《山海经》中也记载了约50种药物。在马王堆出土的无名医书，后被人定名为《五十二病方》，其中能够鉴别的药名有247种。《神农本草经》中有柴胡、半夏、黄芩等药物的记载，虽然有些药物现在无法考证，但是其在我国医学发展史上起着非常重要的作用。张仲景的《伤寒论》和《金匮要略》对药物筛选后得到良方。华佗使用麻沸散作为麻药，成为外科手术的先驱。唐代《新修本草》是一本由官方组织修订的药典。李珣著《海药本草》，孙思邈著《千金翼方》，北宋时期有《太平惠民和剂局方》，马志等编写《开宝本草》，以及后面有详定的《开宝重定本草》等医学书籍。明代李时珍编写的《本草纲目》更是一个时代的药学经典，《本草纲目》共记录药材1892种，方剂8161条，还有附方11096条，还被翻译成了英、法、德、俄等多种译本。在乾隆年间赵学敏编写的《本草纲目拾遗》新收716种药物。除上述列举之外，还有一大批医学名家和名著为我国人民服务，在此不一一列举。

1953年《中国药典》（第一版）问世，记录植物药与油脂类65种，动物药13种；1977年出版的《中国药典》（第三版）收录了中药、中药提取物、植物油脂及单味药制剂等882种；2010年《中国药典》（第九版）一部中共收录2165种药物，新增1019种，修订634种；2020年出版的《中国药典》（第十一版）一部（图4-1）中共收载2711种中药，新增117种，修改452种。

图4-1 2020年版中华人民共和国药典第一部封面

在我国使用中药治疗疾病有着悠久的历史，为我国各族人民的身体健康等做出了巨大贡献。“中药”作为统称，包含植物药、动物药、矿物药。药物的发展中值得一提的是“巫医”，在以前的各部落医生的职责是由“巫师”来实施的，无论是在中国还是在埃及等地均有“巫医”，随着社会的进步、科技的发展，在发达和较发达的国家及地区“巫医”已经消失，但在某些国家的部分严重落后地区“巫医”依然存在。

名贵中药材简介如下。

（1）人参

人参为五加科植物人参（*Panax ginseng* C. A. Mey.）的干燥根和根茎（图4-2）。宜秋季采挖，洗净后太阳晒干或烘干。现在人工种植多以“林下山参”为主，其主要含有人参皂苷Rb1、人参皂苷Re、人参皂苷Rf、人参皂苷Rg1等。具有大补元气、复脉固脱、生津养

(a)

(b)

(c)

图4-2 人参（a）及其叶（b）和花（c）（图片来源：中国植物志网站）

血、安神益智等功效。用于治疗体虚欲脱、脾虚食少、津伤口渴、惊悸失眠等。需谨遵医嘱使用。

（2）冬虫夏草

冬虫夏草为麦角菌科真菌冬虫夏草菌［*Cordyceps sinensis*（BerK.）Sacc.］寄生在蝙蝠蛾科昆虫幼虫上的子座和幼虫尸体的干燥复合体（图 4-3）。需在夏初子座出土，但孢子未发散时挖取，晒至 6～7 成干，除去一些似纤维状附着物及其他杂质后，继续晒干或低温干燥。具有补肾益肺、止血化痰等功效，可用于治疗肾虚精亏、久咳虚喘等。需谨遵医嘱使用。

图 4-3 冬虫夏草照片（图片来源：百度）

（3）灵芝

灵芝为多孔菌科真菌赤芝［*Ganoderma lucidum*（Leyess. exFr.）Karst.］或紫芝（*Ganoderma sinense* Zhao，Xu et Zhang）的干燥子实体（图 4-4）。灵芝需阴干或在 40～50℃下烘干，其有效成分主要有灵芝多糖、三萜和甾醇等。具有补气安神、止咳平喘等功效，用于治疗心神不宁、虚劳短气等。使用时谨遵医嘱。

图 4-4 灵芝及灵芝粉（图片来源：百度）

（4）鹿茸

鹿茸为鹿科动物梅花鹿（*Cervus nippon* Temminck）或马鹿（*Cervus elaphus* Linnaeus）的雄鹿未固化密生茸毛的幼角（图 4-5）。前者称“花鹿茸”，后者称“马鹿茸”。在夏季或秋季取鹿茸，加工后阴干或烘干。其具有壮肾阳、强筋骨、益精血等功效，用于治疗肾阳不足、宫冷不孕、畏寒、耳鸣等。使用时谨遵医嘱。

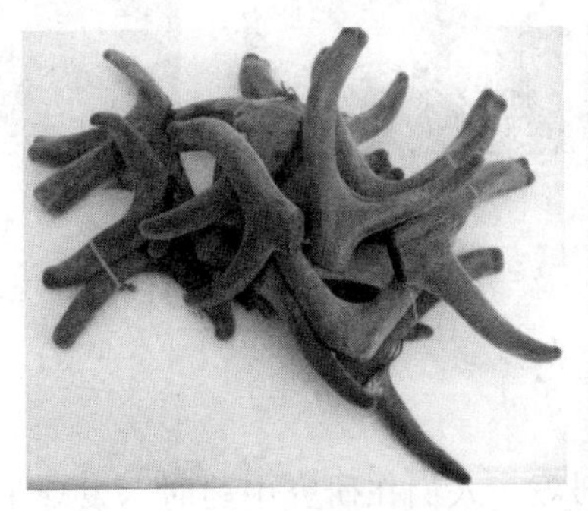
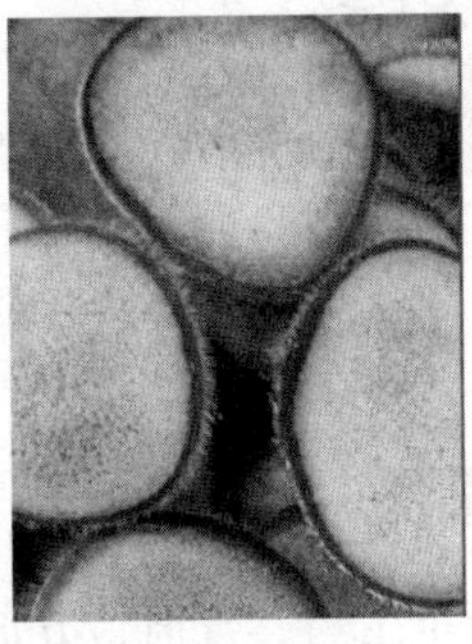

图 4-5 鹿茸及鹿茸切片（图片来源：百度）

(5) 石斛

药典记载石斛有兰科植物金钗石斛、霍山石斛、鼓槌石斛、流苏石斛四个品种。干品一般做成石斛枫斗，其鲜枝可直接食用（图 4-6）。其含有石斛碱、石斛酚、夏佛塔苷、石斛多糖等。具有益胃生津、滋阴清热的功效。用于治疗热病津伤、胃阴不足、阴虚火旺等。使用时谨遵医嘱。尤其注意，石斛种类多，在我国分布范围广，对于未收录的石斛品种不要轻易服用，以免产生不良后果。

(a) (b) (c) (d)

图 4-6 石斛枫斗（a）、铁皮石斛（b）、金钗石斛（c）及鼓槌石斛（d）植株（图片来源：百度和植物志网站）

(6) 三七

三七为五加科植物三七［*Panax notoginseng*（Burk.）F. H. Chen］的干燥根和根茎（图 4-7）。其地下部分在开花前采挖，洗净后，将主根、支根及根茎分开，干燥。支根习称“筋条”，根茎习称“剪口”，其花采摘后干燥得三七花，可泡茶饮用。三七可以经晾晒干燥，也可以经电热干燥设备烘干，现在有通过冷冻干燥的三七，其优势在于口感酥脆，但其制作成本较其他处理方式偏高。三七的主要活性成分有三七皂苷 R1、人参皂苷 Rb1、人参皂苷 Re 等。具有散瘀止血、消肿止痛等功效。用于治疗咯血、吐血、外伤出血、跌打肿痛等。使用时谨遵医嘱。

(a) (b) (c)

图 4-7 三七（a）、三七花（b）及三七植株（c）（图片来源：植物志网站）

4.1.2 药食同源

中药的发展经历了生药、膏剂、方剂等。人们在研究中药时，发现了多种既有药用价值又有食用价值的药材，这些药材具有药食同源性。国家卫生计生委在 2014 年 11 月发布了

《按照传统既是食品又是中药材物质目录管理办法》的征求意见稿，在原有86种的基础上又增加了人参、当归、山银花等15种药食同源品种，一共达到101种。2020年增加9种，目前共有110种，分别是丁香、八角、茴香、刀豆、小茴香、小蓟、山药、山楂、马齿苋、乌梢蛇、乌梅、木瓜、火麻仁、代代花、玉竹、甘草、白芷、白果、白扁豆、白扁豆花、龙眼肉（桂圆）、决明子、百合、肉豆蔻、肉桂、余甘子、佛手、杏仁、沙棘、芡实、花椒、红小豆、阿胶、鸡内金、麦芽、昆布、枣（大枣、黑枣、酸枣）、罗汉果、郁李仁、金银花、青果、鱼腥草、姜（生姜、干姜）、枳子、枸杞子、栀子、砂仁、胖大海、茯苓、香橼、香薷、桃仁、桑叶、桑葚、橘红、桔梗、益智仁、荷叶、莱菔子、莲子、高良姜、淡竹叶、淡豆豉、菊花、菊苣、黄芥子、黄精、紫苏、紫苏籽、葛根、黑芝麻、黑胡椒、槐米、槐花、蒲公英、蜂蜜、榧子、酸枣仁、鲜白茅根、鲜芦根、蝮蛇、橘皮、薄荷、薏苡仁、薤白、覆盆子、藿香、人参、山银花、芫荽、玫瑰花、松花粉、粉葛、布渣叶、夏枯草、当归、山柰、西红花、草果、姜黄、荜茇、党参、肉苁蓉、铁皮石斛、西洋参、黄芪、灵芝、天麻、山茱萸、杜仲叶。以上药材中的部分药材在限定使用范围和剂量内作为药食两用，切忌超量服用。

4.1.3 中药的配伍

在中药使用中有单方和复方之分，单方药较少能满足多靶点治疗的需求，因为人体生病往往是由较为复杂的因素引起的，多靶点治疗能够有效地减小耐药性，使治疗更为持久有效。除了关注药物靶点外，还要考察药物的毒性，临床上通过药物配合使用，药与药之间会发生某些相互作用，如有的能增强或降低原有药效，有的能抑制或消除毒副作用，有的则能产生或增强毒副反应。

伍用或配伍是指有目的地按病情需要和药性特点，有选择地将两味以上药物配合同用。中药中的“君、臣、佐、使”最早见于《素问·至真要大论》，“主病之为君，佐君之为臣，应臣之为使”。后随着医药的发展，不同时期有不同的论述，现一般认为：药中之君指的是对主病或主证起主要治疗的药物。臣药有两种意义：一指辅助君药加强治疗主病或主证作用的药物；二则是针对兼病或兼证起治疗作用的药物。佐药的作用有配合君药（称为佐助药）、制约君药、反佐药。配合君药指加强治疗作用或直接治疗其他病症的药物；制约君药指消除或减弱君药、臣药之毒，或降低相关药物药性；反佐药是指与君药药性或作用相反，而又需要在治疗中起作用的药物。使药为引经药和调和药。引经作用指引导君药进入病灶或脏腑；调和是指调和药性的作用。

药物的配伍使用是经过我国各个时期劳动人民和医药工作者共同积累得到的重要成果，药物的配伍应用也是中医用药的主要形式。药物按一定法度加以组合，并确定一定的分量比例，制成适当剂型，即为方剂。方剂是药物配伍的发展，也是药物配伍应用的较高形式。

4.1.4 中药与养生

随着我国经济的飞速发展，人民生活日益富裕，人们对生活质量提出更高的要求，人们对延长生命的需求也随之而来，因此养生就成为一个日常话题。中医有观点认为“未病先防”，在《内经》中也有“治未病”的思想，强调“防患于未然”。亦有说法为“大医治未病之病，中医治将病之病，小医治已病之病”。在《素问·四气调神大论》说：“圣人不治已病治未病，不治已乱治未乱……夫病已成而后药之，乱已成而后治之，譬尤渴而穿井，斗而铸锥，不亦晚乎。”我国古人于疾病防治早有预见，与养生的观点有相互交融之处。

中医所注重的养生之道，不仅在于治未病，还强调食补或食疗。在此处不介绍食疗方法，大家可以参看一些药膳的书籍，例如《中华药膳活学活用》、《二十四节气药膳养生》等。

4.2 化学合成药物

化学合成药物常被称为西药。西方国家在工业革命之后，技术手段也得到了提升，随着有机合成技术的发展，尤其是在“逆合成分析”出现以后，对药物的合成研究提升了一个层次。因此有研究认为，西药的发展是受到合成化学技术和手段影响的。对于西药的发展我们认为经历了两个大的时期，第一个时期是在天然活性化合物的基础上利用化学修饰的手段得到药物，此为半合成药物，如半合成青霉素类药物。第二个时期是以天然药效团为基础，辅以辅助筛选等手段，实现高通量的药物制备与发现。对合成药物研究衍生出了药物合成化学、药物化学等分支学科。

药物化学（Medicinal Chemistry）是建立在化学学科和生物学科基础之上，设计、合成和研究用于预防、诊断和治疗疾病药物的一门学科。研究内容涉及发现、发展和鉴定新药，以及在分子水平上解释药物及具有生物活性化合物的作用机理。此外，药物化学还涉及药物及其有关化合物代谢产物的研究、鉴定和合成。一般认为阿司匹林（1899 年）的出现，标志着化学修饰合成手段运用在天然化合物中，从而改造其结构为人类服务。20 世纪 60 年代是药物化学飞速发展的时代，药物化学现在已经将化学、医学、物理学、生命科学、信息科学等科学技术手段集合起来创造药物，为人类健康服务。

4.2.1 化学合成药的发展历史

西药的发展与有机化学理论知识和有机合成技术的发展分不开，在这二者的基础上西药的发展才取得了今天的成绩。

1899 年合成阿司匹林（乙酰水杨酸）作为镇痛药上市，至今仍在使用，但是用途发生了变化。研究发现其具有防止血栓形成的作用，因此临床用于预防心肌梗死、短暂性脑缺血。这是属于老药新用的典型案例。

1928 年弗莱明首次发现了青霉素（Penicillin，音译盘尼西林），是第一个被发现的天然抗生素类药物，1943 年实现量产并上市。1944 年 9 月中国第一批国产青霉素诞生。1959 年青霉素母核（6APA）被发现，在其基础上通过修饰合成先后得到了氨苄青霉素、甲氧西林、羟氨苄青霉素等（图 4-8），至此，半合成抗生素研究工作获得了极大发展。

1945 年头孢菌素 C 被 G. Brotzu 从 *Cephlosporium Acremonium* 菌株中分离得到，头孢类药物的核心是 7-氨基头孢烯酸（7-ACA）。通过化学修饰合成手段得到了不同的头孢类抗生素，目前分为 5 代，分别为：第一代头孢有头孢噻吩、头孢唑林、头孢乙氰、头孢匹林、头孢西酮、头孢氨苄、头孢羟氨苄等；第二代有头孢呋辛、头孢孟多、头孢替安、头孢尼西、头孢雷特、头孢克洛等；第三代有头孢噻肟、头孢唑肟、头孢曲松、头孢他啶、头孢地嗪、头孢哌酮、头孢匹胺、头孢地尼、头孢泊肟等；第四代有头孢匹罗、头孢吡肟、头孢利定等；第五代有头孢洛林、头孢吡普等。

1949 年首次完成氯霉素全合成。

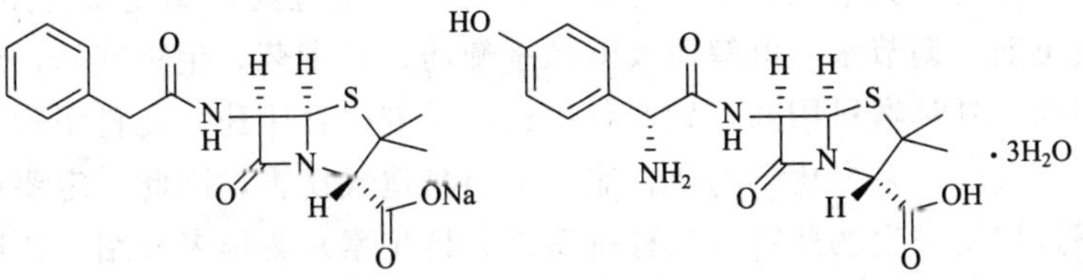

(a) 青霉素钠　　(b) 阿莫西林

图 4-8　青霉素类药物代表

20 世纪 50 年代发现了第一个大环内酯类抗生素——红霉素，1978 年 E. J. Corey 合成了红霉素大环内酯；后来通过半合成手段得到了罗红霉素、阿奇霉素和克拉霉素。

20 世纪 70 年代至 90 年代，人工合成抗菌素药物氟喹诺酮类药物问世，如诺氟沙星、氧氟沙星、左氧氟沙星、莫西沙星、吉米沙星等。

1978 年第一个金属合成制剂——顺铂在美国批准上市，用于治疗睾丸癌，目前是肺癌、卵巢癌、头颈部肿瘤、胃癌等多种肿瘤的一线治疗药物；第二代铂类药物卡铂于 1986 年在美国上市；第三代铂类药物奥沙利铂于 1996 年在法国上市，2002 年美国 FDA 批准在美国上市。铂类药物结构见图 4-9。

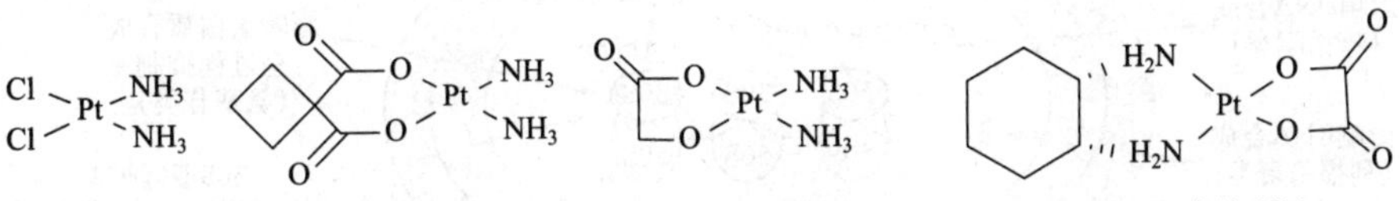

(a) 顺铂　　(b) 卡铂　　(c) 奈达铂　　(d) 奥沙利铂

图 4-9　铂类药物结构

紫杉醇（图 4-10），1967 年被 Wall 博士从太平洋红豆杉树皮中分离得到，命名为 Taxol，是一种天然抗癌药物，分子式为 $C_{47}H_{51}NO_{14}$。1992 年 12 月美国 FDA 批准紫杉醇上市，用于晚期卵巢癌Ⅱ期治疗。目前临床上已经广泛用于乳腺癌、卵巢癌和部分头颈癌及肺癌的治疗。

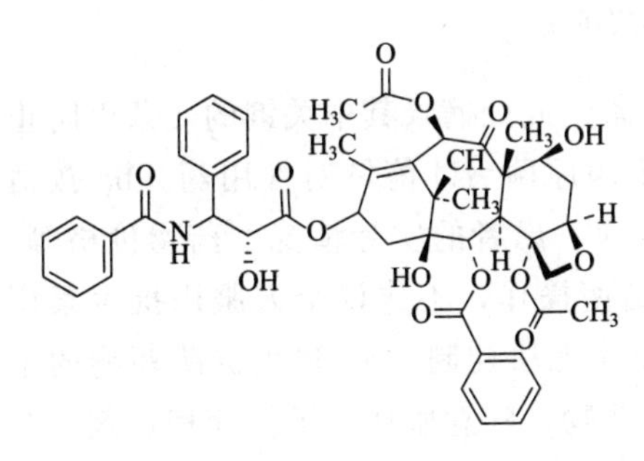

图 4-10　紫杉醇化学结构式

首个靶向抗体药物赫赛汀（曲妥珠单抗，生物制剂）于 1998 年 9 月在美国上市，2001 年首个小分子靶向药物格列卫（伊马替尼）上市，其能够大幅延长慢性粒性白血病患者的存活时间。

我国国家药品监督管理局共批准 49 种肿瘤靶向药物上市，包括 14 种国产原研药物；部分药物在中、美两国获批的适应证不同，包括厄洛替尼、利妥昔单抗、舒尼替尼、贝伐珠单抗等。

4.2.2 化学药物的分类

随着现代医学和药物化学的发展，由国家卫健委颁布的 2018 版《国家基本药物目录》（http：//www.nhc.gov.cn/wjw/jbywml/list.shtml）中将化学药物和生物药物分为 26 个大类，包括抗微生物药，抗寄生虫病药，麻醉药，镇痛、解热、抗炎、抗风湿、抗痛风药，神经系统用药，治疗精神障碍药，心血管系统用药，呼吸系统用药，消化系统用药，泌尿系统用药，血液系统用药，激素及影响内分泌药，抗变态反应药，免疫系统用药，抗肿瘤药，维生素、矿物质类药，调节水、电解质及酸碱平衡药，解毒药，生物制品，诊断用药，皮肤科用药，眼科用药，耳鼻喉科用药，妇产科用药，计划生育用药，儿科用药。药物作为以治疗疾病为目的而开发的一系列化学物质，服用不当易造成伤害，因此一定要在医师或药师指导下用药。本书选取抗微生物药物（又称抗菌素、抗生素）为读者介绍，让读者了解抗生素类药物，以减少或防止服药不当而造成抗生素滥用。

4.2.2.1 抗生素

抗生素是由各种微生物产生，能杀灭或抑制其他微生物的物质，分为天然抗生素和人工半合成抗生素。抗菌活性是指抗菌药抑制或杀灭病原微生物的能力。体外抗菌活性常用最低抑菌浓度（MIC）和最低杀菌浓度（MBC）表示。抗生素在体内的作用机制如图 4-11 所示（参考杨宝峰和陈建国主编《药理学》），主要是通过以下 4 种方式发生作用，分别是：抑制细菌细胞壁的合成；改变细胞质膜的通透性；抑制蛋白质的合成；影响核酸和叶酸代谢。

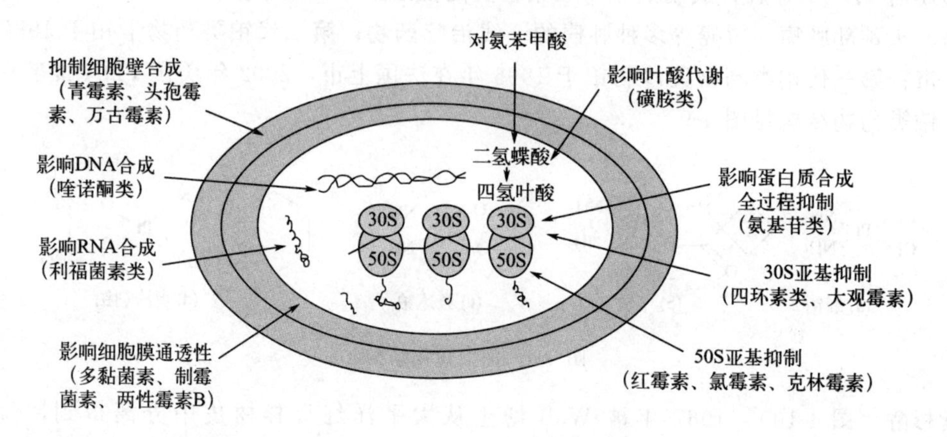

图 4-11 抗生素在体内的作用机制

抗生素类药物合理使用原则，在专业书籍上共有 6 条，此处摘录其中关键的 4 条以防止错误用药造成抗菌药物滥用：a. 尽早确定病原菌，确定病原菌后才能针对性用药。b. 按适应证选药，同时要考虑患者的身体状况、药物的不良反应、患者的实际情况、药物价格等。c. 抗菌药物的预防应用，在用于预防时，应按照专业指南操作，不建议个人服用抗生素用于预防，如果用药不当会引起病原菌高度耐药，后期发病无法控制。d. 防止抗菌药物的不合理使用，如病因不明，或药不对症，病毒感染用抗菌药物；随意服药，不按疗程、剂量服用都会增加病原菌的耐药性。

4.2.2.2 抗生素类药物简介

在我国 2018 版《国家基本药物目录》中收录的抗生素类药物共有 15 个种类，共计 54 种药物。有青霉素类、头孢菌素类、氨基糖苷类、四环素类、大环内酯类、磺胺类、喹诺酮类、硝基咪唑类、硝基呋喃类、抗结核病药、抗麻风病药、抗真菌药、其他抗菌药、抗病毒药、其他抗生素。

① 青霉素类有青霉素、苄星青霉素、苯唑西林、氨苄西林、哌拉西林、阿莫西林、阿莫西林克拉维酸钾、哌拉西林钠他唑巴坦钠。

② 头孢菌素类有头孢唑林、头孢拉定、头孢氨苄、头孢呋辛、头孢曲松、头孢他啶。

③ 氨基糖苷类有阿米卡星、庆大霉素。

④ 四环素类有多西环素、米诺环素。

⑤ 大环内酯类有红霉素、阿奇霉素、克拉霉素。

⑥ 其他抗生素包括克林霉素、磷霉素。

⑦ 磺胺类有复方磺胺甲噁唑、磺胺嘧啶。

⑧ 喹诺酮类有诺氟沙星、环丙沙星、左氧氟沙星、莫西沙星。

⑨ 硝基咪唑类有甲硝唑、替硝唑。

⑩ 硝基呋喃类有呋喃妥因。

⑪ 抗结核病药有异烟肼、利福平、吡嗪酰胺、乙胺丁醇、链霉素、对氨基水杨酸、耐多药肺结核用药。

⑫ 抗麻风病药有氨苯砜。

⑬ 抗真菌药有氟康唑、伊曲康唑、两性霉素 B、卡泊芬净。

⑭ 其他抗菌药有小檗碱（黄连素）。

⑮ 抗病毒药有阿昔洛韦、更昔洛韦、奥司他韦、恩替卡韦、利巴韦林、索磷布韦维帕他韦、替诺福韦二吡呋酯、重组人干扰素、艾滋病用药。

在此，再次提醒读者，药物使用前要进行正规医疗诊断，并由具有相关处方权医生开具处方，按医嘱服用。不能轻信一些广告或虚假的宣传，以免贻误病情，耽误患者治疗，不利于保证患者的生活质量。

4.3 常见药物的化学成分

本部分简要介绍日常疾病，如感冒、肠胃不适等用药物中的化学成分，同时还介绍心脑血管疾病和癌症治疗用药的化学成分，普及相关药物的化学知识。更为准确的治疗或用药以医嘱为准。

4.3.1 感冒药及成分

首先，在选择感冒药前，我们要了解清楚自己患的是普通感冒，还是流行性感冒。前者为多种病毒引起，症状轻、好转快、很少传染，不会造成流行，四季均可发生，一般人体的自愈期为 7 天左右。后者由流感病毒引起，发病急、病情重，冬春季节多发，常在人群中迅速传播、流行。它们的症状也很相似，如：畏寒、发热、头痛，并伴有全身关节酸痛；鼻塞、打喷嚏、流涕、咽部发干、发痒和咽部疼痛；咳嗽、少量咳痰等。

由于感冒发病急，症状复杂多样，因而至今没有一种药物能解决所有问题，因此，治疗感冒用药复方制剂较多。

药店出售的感冒用药主要有三类：第一类是纯中药复方制剂；第二类是中西药结合复方制剂；第三类是纯化学药物复方制剂。

4.3.1.1 纯化学药物复方制剂

① 速效伤风胶囊。主要成分为对乙酰氨基酚、咖啡因、马来酸氯苯那敏、人工牛黄，不同厂家组分含量略有差异。

② 白加黑。主要成分就是对乙酰氨基酚（解热镇痛成分）、盐酸伪麻黄碱（减轻鼻腔充

血成分)、氢溴酸右美沙芬 15mg(镇咳成分)。

③ 快克。主要成分为盐酸金刚烷胺(100mg)、对乙酰氨基酚(扑热息痛)(250mg)、人工牛黄(10mg)、咖啡因(15mg)、马来酸氯苯那敏(扑尔敏)(2mg)。

在化学制剂的感冒药中,含有的对乙酰氨基酚具有镇痛作用,其结构见图 4-12。

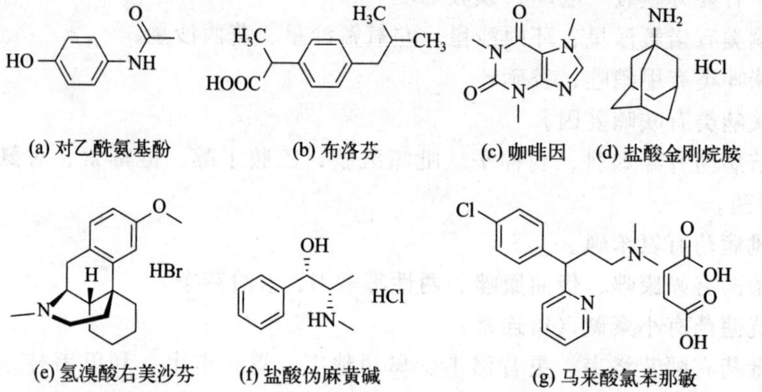

(a) 对乙酰氨基酚 (b) 布洛芬 (c) 咖啡因 (d) 盐酸金刚烷胺

(e) 氢溴酸右美沙芬 (f) 盐酸伪麻黄碱 (g) 马来酸氯苯那敏

图 4-12 常见感冒药中的化学成分的结构式

4.3.1.2 纯中药复方制剂

① 藿香正气水。主要成分为广藿香油、紫苏叶油、白芷、苍术、厚朴(姜制)、生半夏、茯苓、陈皮、大腹皮、甘草浸膏。

② 小柴胡颗粒。主要成分为柴胡、黄芩、姜半夏、党参、生姜、甘草、大枣。辅料为蔗糖。

③ 风寒感冒颗粒。主要成分为麻黄、葛根、紫苏叶、防风、桂枝、白芷、陈皮、苦杏仁、桔梗、甘草、干姜。辅料为蔗糖、糊精。

④ 风热感冒颗粒。主要成分为板蓝根、连翘、薄荷、荆芥穗、桑叶、芦根、牛蒡子、菊花、苦杏仁、桑枝、六神曲。辅料为蔗糖、糊精。

4.3.1.3 中西药结合复方制剂

① 中联强效片。主要成分为金银花、连翘、牛蒡子、荆芥、淡豆豉、淡竹叶、薄荷、桔梗、甘草、对乙酰氨基酚。

② 三九感冒冲剂。主要成分为三叉苦、岗梅、金盏银盘、薄荷油、野菊花、马来酸氯苯那敏、咖啡因、对乙酰氨基酚。辅料为蔗糖粉。

③ 三九感冒胶囊。主要成分为三叉苦、岗梅、金盏银盘、薄荷油、野菊花、马来酸氯苯那敏、咖啡因、对乙酰氨基酚。辅料为滑石粉。

④ 强力银翘片。主要成分为金银花、连翘、牛蒡子、扑热息痛。

⑤ 复方感冒灵片。主要成分为金银花、五指柑、野菊花、三叉苦、南板蓝根、岗梅、对乙酰氨基酚、马来酸氯苯那敏、咖啡因。辅料为淀粉、糊精、甘露醇、羟丙纤维素、羧甲淀粉钠、硬脂酸镁、聚维酮 K30、薄膜包衣预混剂。

⑥ 康必得。主要成分为对乙酰氨基酚、葡萄糖酸锌、盐酸二氧丙嗪、板蓝根浸膏粉。

4.3.2 肠胃药及成分

4.3.2.1 中药方剂

① 三九胃泰颗粒。主要成分为三叉苦、九里香、两面针、木香、黄芩、茯苓、地黄、

白芍。辅料为蔗糖。

② 保济丸。主要成分为钩藤、菊花、蒺藜、厚朴、木香、苍术、天花粉、广藿香、葛根、化橘红、白芷、薏苡仁、稻芽、薄荷、茯苓、广东神曲。

4.3.2.2 化学合成药物

① 吗丁啉片剂。主要药用成分为多潘立酮，每片含10mg。辅料为淀粉、氢化棉籽油、乳糖、硬脂酸镁、微晶。多潘立酮的化学名称为5-氯-1-{1-[3-(2,3-二氢-2-氧代-1H-苯并咪唑-基)丙基]-4-哌啶基}-1,3-二氢-2H-苯并咪唑-2-酮，分子式为$C_{22}H_{24}ClN_5O_2$。

② 兰索拉唑片。主要成分为兰索拉唑，化学名称为2-[{[3-甲基-4-(2,2,2-三氟乙氧基)-2-吡啶基]甲基}-亚磺酰基]-1H-苯并咪唑。分子式为$C_{16}H_{14}F_3N_3O_2S$。

③ 奥美拉唑片。主要成分为奥美拉唑，其化学名称为5-甲氧基-2-{[(4-甲氧基-3,5-二甲基-2-吡啶基)甲基]亚磺酰基}-1H-苯并咪唑。分子式为$C_{17}H_{19}N_3O_3S$。

常见肠胃药的化学成分的结构式见图4-13。

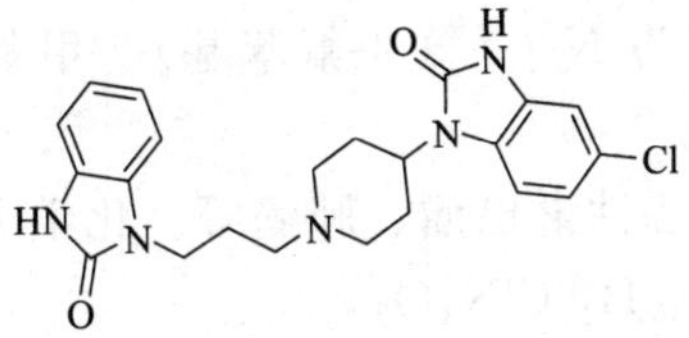

(a) 多潘立酮 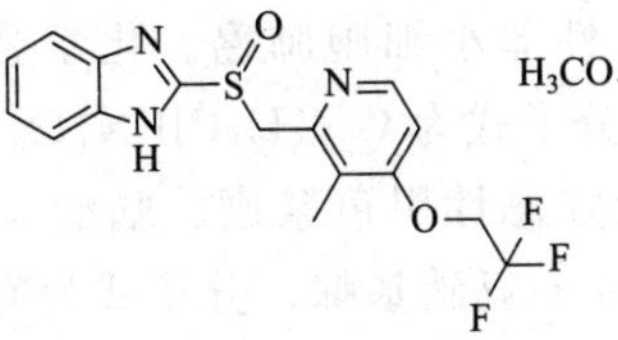　(b) 兰索拉唑 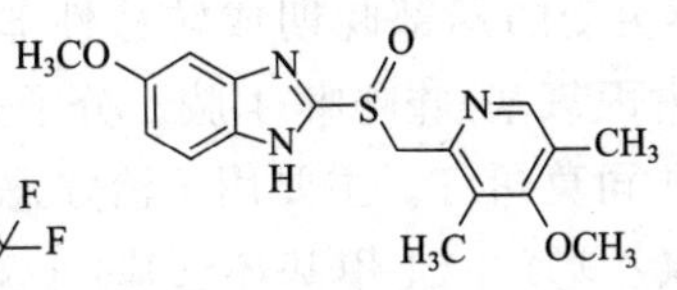　(c) 奥美拉唑

图4-13 常见肠胃药的化学成分的结构式

4.3.3 心脑血管药物及成分

4.3.3.1 中药方剂

① 速效救心丸。主要成分为川芎、冰片。

② 脑心通胶囊。主要成分为黄芪、丹参、桃仁、红花、乳香（制）、地龙、全蝎、赤芍、当归、川芎、没药（制）。

4.3.3.2 化学合成药物

① 硝酸甘油片。主要成分为三硝酸甘油酯，分子式为$C_3H_5N_3O_9$。

② 硝苯地平片。主要用于选择性抑制心肌细胞膜的钙内流，阻断心肌细胞兴奋-收缩偶联，减弱心肌收缩力，减少心肌能量及氧的消耗，通过防止钙超负荷直接保护心肌细胞。抑制血管、支气管和子宫平滑肌的兴奋-收缩偶联，扩张全身血管等。硝苯地平的化学名为1,4-二氢-2,6-二甲基-4-(2-硝基苯基)-3,5-吡啶二羧酸二甲酯。分子式为$C_{17}H_{18}N_2O_6$。

③ 盐酸地尔硫卓片。是一种钙通道阻滞药，可以有效地扩张心外膜和心内膜下的冠状动脉，缓解自发性心绞痛。其化学名称为顺-(+)-5-[(2-二甲氨基)乙基]-2-(4-甲氧基苯基)-3-乙酰氧基-2,3-二氢-1,5-苯丙硫氮杂-4-(5H)-酮盐酸盐。分子式为$C_{22}H_{27}ClN_2O_4S$。

常见心脑血管药物的化学成分的结构式见图4-14。

4.3.4 癌症药物及成分

随着药物的发展，抗癌药物的种类也得以丰富，主要为化学合成药物、生物制剂、植物

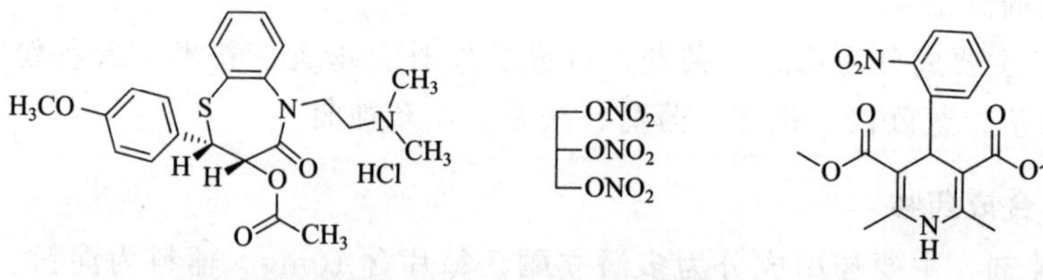

(a) 盐酸地尔硫卓片　(b) 硝酸甘油　(c) 硝苯地平

图 4-14　常见心脑血管药物的化学成分的结构式

源药物，下面简单介绍几种化学合成药物和植物源药物的化学名、结构式等相关内容。

4.3.4.1　化学合成药物

① 注射用顺铂。主要用于晚期卵巢癌、骨肉瘤及神经母细胞瘤。化学名为（*Z*）-二氨二氯铂。分子式为 $PtCl_2(NH_3)_2$。

② 易瑞沙。易瑞沙是商品名，通用名为吉非替尼。主要用于表皮生长因子受体基因具有敏感突变的局部晚期或转移性非小细胞肺癌。化学名为 *N*-(3-氯-4-氟苯基)-7-甲氧基-6-(3-吗啉丙氧基)喹唑啉-4-胺。分子式为 $C_{22}H_{24}ClFN_4O_3$。

③ 司莫司汀。主要用于治疗恶性黑色素瘤、脑瘤、恶性淋巴瘤、肺癌等。化学名称为 1-(2-氯乙基)-3-(4-甲基环己基)-1-亚硝基脲。分子式为 $C_{10}H_{18}ClN_3O_2$。

4.3.4.2　天然产物来源药物

① 紫杉醇注射液。广泛用于乳腺癌、卵巢癌和部分头颈癌与肺癌的治疗。主要成分是紫杉醇。辅料为聚氧乙基代蓖麻油、无水乙醇、无水柠檬酸。

② 长春新碱。可以用于治疗恶性淋巴瘤、小细胞肺癌、乳腺癌、消化道癌等。化学式为 $C_{46}H_{56}N_4O_{10}$。

几种抗癌药物的化学成分的结构式见图 4-15。

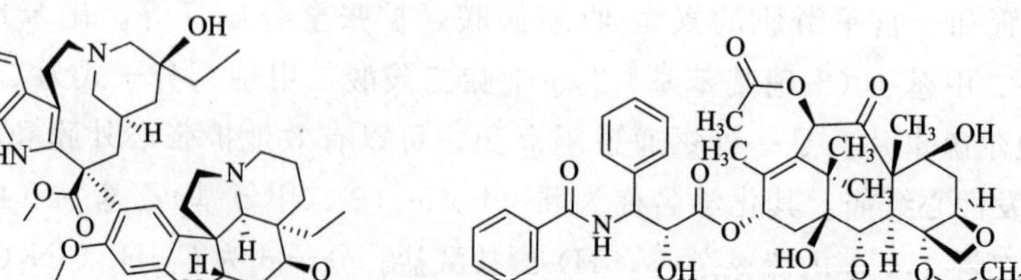

(a) 顺铂　(b) 司莫司汀　(c) 易瑞沙

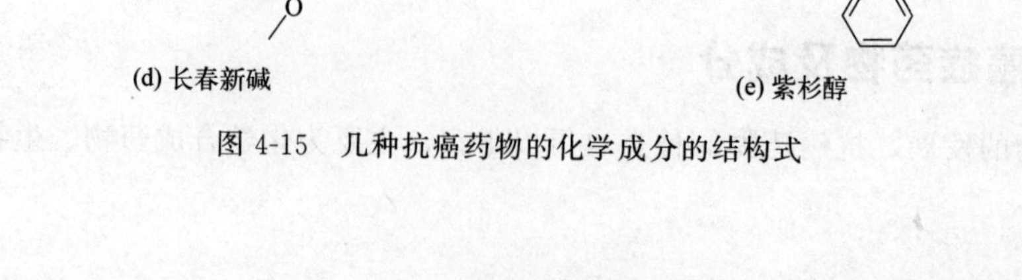

(d) 长春新碱　(e) 紫杉醇

图 4-15　几种抗癌药物的化学成分的结构式

参考文献

[1] 朱晟，何端生．中药简史［M］. 桂林：广西师范大学出版社，2007.
[2] 余慎初．中国药学史纲［M］. 昆明：云南科学技术出版社，1987.
[3] 国家药典委员会．中华人民共和国药典（一部）［M］. 11 版．北京，中国医药科技出版社，2020 年．
[4] 中国植物志［EB/OL］［2022-8-21］. http：//www. iplant. cn/frps.
[5] 杨宝峰，陈建国．药理学［M］. 9 版．北京：人民卫生出版社，2018.
[6] 李冀，左铮云．方剂学［M］. 北京：中国中医药出版社，2021.
[7] 张致平．合成、半合成抗生素研究的进展［J］. 中国抗生素杂志，1996，21（增刊）：47-61.
[8] 中华人民共和国国家卫生健康委员会．国家基本药物目录（2018 版）［EB/OL］. 2018-10-25［2022-6-18］. http：//www. nhc. gov. cn/wjw/jbywml/201810/600865149f4740eb8ebe729c426f b5d7. shtml.

第5章 服装与化学

随着社会科技的发展，人民生活水平不断提高，物质生活日益丰富，人们对服装的个性化需求日益显著。人们对服装相关方面的知识只停留在感官上显然是不够的，因此本章将介绍服装面料的分类，各类面料、染料与化学的关系，讲述相关的化学知识。

5.1 服装的材料与化学

服装材料可以依据用途分为面料和辅料。面料是最为直观地呈现在消费者面前的基本材料，如皮革、毛皮、机织物、编织物、针织物等。辅料则是在成品过程中使用的众多辅助材料，如缝纫线、衬料、装饰材料、垫料等。

5.1.1 面料

面料是用来制成服装的主要材料，其体现了设计师所设计服装的主要特点，如服装的风格、造型等。在服装行业内常说“原料是根本、结构是基础、后处理是关键”，因为面料的选材决定了服装的外观特征以及穿着性能。不同材质的面料能够给人不同的心理和生理感受，从而使人们在生理和心理上得到一定的满足感。

不同造型的服装对面料有不同的要求，因为材质不同，其可塑性、可染色性等也不相同，所以服装设计师会根据面料设计不同款式、风格的服饰。服装可满足人们的不同需求，如保暖、防护等，所使用的面料根据服装的功能会有不同的选择。面料可依据其材料分为纤维制品和裘革制品。纤维制品又可以分为机织物、针织物、编结织物等。纤维制品依据纤维的来源又可分为天然纤维和化学纤维。裘革制品有毛皮和皮革。在众多面料中，不同的面料可用于不同的服饰类型，服装设计师会依据面料特性进行服装设计。用作面料的材料有天然纤维（棉、麻、丝、毛）、合成纤维（涤纶、锦纶等）、皮、革等。

5.1.1.1 棉

棉是天然纤维成员中的一员，是由葡萄糖作为单体结构，聚合而得的，其分子量可达

1×10^4。棉纤维因来源不同其平均分子量可以在几百至 1×10^4 分布，因此不同来源的棉纤维长度和柔韧度均不同。图 5-1 为棉纤维的分子结构图，总体上棉纤维为线型结构。

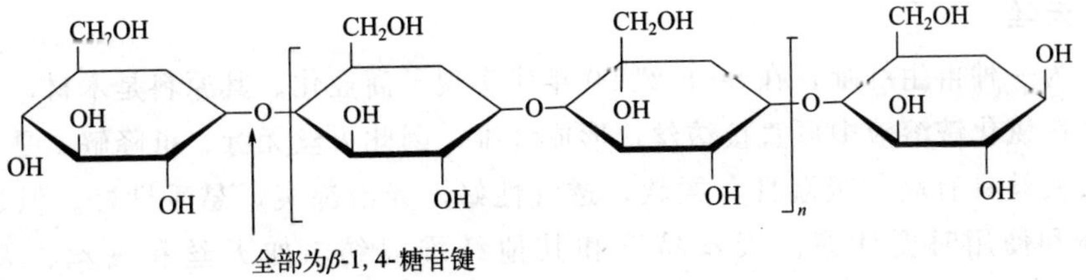

图 5-1 纤维素的一级结构

棉纤维制品有很好的亲肤感，易缩水，但随着现代工艺的进步，缩水率也在降低。其成品有内衣、T恤、衬衣、裙子、夹克衫等。

5.1.1.2 麻

麻纤维的主要成分也是纤维素，纤维素是由葡萄糖作为单体聚合得到的，与棉纤维具有相仿的性能，麻一般指亚麻或苎麻。其弹性较棉差，因表面有纵横交错条痕，故手感要比棉制品略感粗糙。麻纤维做T恤、外衣、裙子等均可。

5.1.1.3 真丝

常见丝制品一般以桑蚕丝、柞蚕丝、木薯蚕丝等为原料，以家蚕丝质量最为上乘。蚕丝的纤维细长，由蚕分泌液汁在空气中固化而成，通常一个蚕茧即由一根丝缠绕，长达800～1100m，因此蚕丝是天然纤维中唯一的长纤维。桑蚕丝又名真丝，因加工方法不同可以分为生丝和熟丝，生丝硬，熟丝软，现在一般为机械化加工，用土法抽丝的工艺因其获得的丝质量不如机械化生产的丝好，所以已基本淘汰。蚕丝是高档纺织原料，一般用于制作高档衣物或饰品。

蚕丝的主要成分是蛋白质，火烧有烧头发的气味，容易辨别。绢丝是以蚕丝废丝、废茧等为原料再加工而得，其粗细均匀，光泽优良，但其经多次洗涤后容易发毛。因其为短纤维纺织而得，含有较多空气，具有保暖性，可作睡衣面料使用。䌷丝质量比绢丝差，是制作绢丝的剩余材料制作而成的。

5.1.1.4 羊毛

羊毛和丝一样，其主要成分为蛋白质，主要包含两种蛋白：一种是含硫元素多的蛋白质，叫细胞间质蛋白；另一种是含硫元素少的蛋白质，叫纤维蛋白。毛纤维一般来源于羊毛、骆驼毛等，其中最多的是绵羊毛。羊毛一般指绵羊毛，全世界范围内都有羊毛生产，我国新疆产绵羊毛的质量最佳。羊毛适合做各种羊毛制品，但根据羊毛长短不一，应用也不相同。羊毛具有耐磨、光滑、保暖等特性，羊毛衣料有适度的透气性和吸湿性，常用于针织毛衣、大衣等。各种毛制品中以羊绒制品最贵，羊绒的保暖性好，质地轻，纺织品手感好，但产量低，因此有“软黄金”之称。

5.1.1.5 莫代尔

莫代尔是一种再生纤维，其原料是天然材料，最早采用欧洲榉木制成木浆后再加工成纤维，因其成分可以降解，因此也被称为绿色环保纤维。随着生产工艺不断改进，现在的莫代尔具有高吸湿性、高透气性、高强力且易染色，而且其手感好，光泽如丝绸。莫代尔纤维分为有光、半光、卷曲和未卷曲 4 种花式。

5.1.1.6 天丝

天丝作为一种再生纤维，在 20 世纪 90 年代实现了商业化。其原料是木材，再将其制成木浆，木浆在氯化铵溶液中可直接纺丝，形成纤维，因此天丝无毒、可降解，是一种绿色环保的纤维。天丝具有高的吸湿性，柔软，透气性好，光滑凉爽，悬垂性好。但是天丝不耐碱，在洗涤和使用时要注意。天丝易于和其他纤维混纺，如天丝和真丝、天丝和棉纤维等。

5.1.1.7 涤纶

涤纶是聚酯纤维的商品名，是以单体聚合得到的，单体结构可以是丙烯酰胺、丙烯酸、丙烯酰氧乙基三甲基氯化铵、间苯二甲酸-5-磺酸钠等。其具有长丝和短丝，可以用于仿毛、仿麻、仿棉等，并且可以根据特殊需求，得到抗静电型、阻燃型等涤纶产品。

5.1.1.8 腈纶

腈纶是聚丙烯腈纤维的总称，其生产工艺在 19 世纪 90 年代就逐渐成熟，可以使用丙烯氰（主要单体）、醋酸乙烯酯、丙烯酸甲酯、丙烯酸丙酯、甲基丙烯酸甲酯（第二单体）、甲基丙烯磺酸钠（第三单体）等共同制备腈纶。腈纶的弹性好，似羊毛，有“合成羊毛”之称。其具有结实耐磨、弹性好、化学稳定性好等优点，可以用于针织、丝绸、羊毛或化纤混纺等。

部分服装面料的化学结构式见表 5-1。

表 5-1 部分服装面料的化学结构式

名称	结构式	商品名或俗名
聚对苯二甲酸乙二醇酯纤维	$\left[C(=O)—C_6H_4—C(=O)—O(CH_2)_2O \right]_n$	的确良
聚己内酰胺纤维	$\left[NH—CH_2(CH_2)_3CH_2—C(=O) \right]_n$	尼龙-6
聚己二酰己二胺纤维	$\left[NH(CH_2)_6NHCO(CH_2)_4CO \right]_n$	PA66、锦纶 66
聚丙烯腈纤维	$\left[CH_2—CH(CN) \right]_n$	腈纶（人造毛）
聚乙烯醇纤维	$\left[CH_2—CH(OH) \right]_n$	维纶、维尼纶

5.1.1.9 毛皮和皮革

毛皮和皮革都是以动物皮毛为原料加工而得的。一般动物毛皮经鞣制后就成为毛皮，也称作“裘皮”；将处理后的光面或绒面皮板称为皮革。毛皮是运用很早的一类材料，原始人有使用兽皮御寒的考古记录。毛皮和皮革都很受消费者的喜爱。如今，皮革有天然皮革和人造皮革之分，高端人造皮革质地很好，价格也较贵。天然毛皮有貂皮、绵羊皮、兔皮等，皮革有羊皮、猪皮、牛皮等。

5.1.2 辅料

除服装面料以外的材料统称为辅料，如标签、缝纫线、包装材料等。

5.1.3 面料品质标识

无论是生产者还是服装消费终端的消费者，都需要知道服装面料品质标识的正确表示方法，以确保服装面料能得到正确的使用或购买到合格的产品。为了保护消费者的合法权益，服装面料生产企业、服装生产企业都有义务保证服装面料品质标识的合法性和正确性。为了购买到合格的衣服，消费者应当具备辨识服装面料品质标识的能力。

狭义的面料品质标识应当对面料品质信息进行标识，而广义的品质标识应当包含包装、运输时标记的品质信息，还应当标明使用过程中接受的有关使用和保管的信息。消费者掌握狭义的面料品质标识即可。标识一般使用文字或文字＋图形的方式，可通过说明书、标签、图形符号等形式呈现。不同类型的面料，其标识内容不同，见表 5-2。

表 5-2 衣料品质标识的内容及形式

标识类别		标识内容	标识形式
衣料(布匹)品质标识		品名、品号、品级、纤维原料、纱线细度、长度、幅宽、密度、缩水率、花号、色号、包号等	综合品质一般以梢印、吊牌、唛头、说明书等形式出现在衣料的包装上；局部疵点则在相应的布边上以线标和箭头表示
服装产品中的衣料品质标识	材料组成标识	标明服装面、辅料所用原料及比例	通常以标签的形式缝合于上衣侧缝、门襟以及裤子袋口等处
	品质及特性标识	标明服装面、辅料尺寸变化率、阻燃、防水、防蛀等性能	
	使用标识	标明服装洗涤、熨烫、干燥和保管的方法与注意事项	

5.1.3.1 衣物材料标识

衣物材料标识应当包含纤维名称、含量比例等，具体的要求和方法可以参考《纺织品 纤维含量的标识》(GB/T 29862—2013)。

5.1.3.2 材料含量标识

衣服等各类纺织品的商标上，应当给出各类材料的含量百分比。仅有一种纤维成分的产品可使用 100％、纯、全等作为前缀或后缀表示，例如棉 100％、纯棉或全棉，具体要求见《纺织品 纤维含量的标识》(GB/T 29862—2013)。也可以在中国纤维产品标志管理中心(http：//m. xianjianshop. com/) 进行查询。

5.1.3.3 衣物品质标识

衣物品质标识用于指出衣物的使用料情况，主要是方便消费者识别和购买。

5.1.3.4 特殊性能标识

衣料及其相关产品中可能有一些重要的特殊性能，我国规定用文字或文字加图案进行表示，例如收缩性、阻燃性、防水性等。

5.1.3.5 衣料使用说明标识

① 使用说明标识的内容。我国规定纺织品和服装使用说明标识中应包括：是否可水洗、氯漂，熨烫温度，是否可干洗等。

② 使用说明应当用各种文字和图案，方便辨认。我国对纺织品和服装的使用说明标识如表5-3所示。

表5-3 衣料使用说明标识对应关系表

序号	图形符号	中文名称	说明
1		水洗	用洗涤槽表示，表示可机洗和水洗
2		漂白	等边三角形表示可漂白
3		熨烫	用熨斗的图形表示
4		干洗	用圆形表示
5		水洗后干燥	用正方形或悬挂的衣服表示

5.1.4 服装面料的鉴别

服装面料的鉴别有感官鉴别法、燃烧鉴别法、显微镜鉴别法、化学溶解法等，消费者适宜采用感官鉴别法和燃烧鉴别法。下面就感官鉴别法和燃烧鉴别法加以简要说明。

5.1.4.1 感官鉴别法

(1) 纯棉和棉混纺面料

① 纯棉布。其外观光泽柔和，布面有纱头或杂质显露。其手感柔软，弹性差，抓捏后的折痕持久，不易散去。捻开纱线可发现纤维长短不一，用水润湿后纤维强力增强。

② 涤棉布。外观光泽明亮，平整，无纱头和杂质。手感爽滑，挺括，弹性好，折痕易恢复原状。纱线细，且其强力较棉线好，可以扯断棉线和涤棉布纤维进行比较。

③ 黏纤布。外观光泽柔和明亮，色彩鲜艳。手感柔软滑溜，其折痕与棉布一样不易退散。但纤维润湿水后强力降低，且面料浸水后有增厚、发硬现象。

(2) 纯毛和毛混纺面料

① 纯毛精纺。这类织物一般较为精致，手感滑糯，富有弹性，捏紧后松开折痕迅速消失，多为双股线。

② 纯毛粗纺织物。此类织物的手感丰满，温暖，富有弹性，多为单纱。

③ 黏胶混纺毛织物。这类织物手感软滑，弹性较差，易出现折痕。

④ 涤纶混纺毛织物。这类织物呢面平整，滑爽挺括，纹路清晰，其弹性较纯纺毛织品好，但手感、悬垂性不好。

⑤ 锦纶混纺毛织物。这类织物毛感差，有蜡状感。

⑥ 腈纶混纺呢绒。这类产品的手感和弹性较人造毛的毛感更强，但不如纯毛。

（3）丝织品面料

① 天然真丝制品。这类面料光泽明亮，手感柔软且富有弹性，用手触摸有拉丝感（即挂丝的感觉），仿制丝织品一般无此感觉。

② 黏纤仿丝织品。这类面料又称人造丝，其光泽明亮，手感柔软、润滑但不挺括，弹性略差，手捏后易产生折痕，纱线经水润湿后很易扯断。

③ 涤纶纺丝织品。这类面料也称涤丝绸，光泽均匀，色彩明亮，手感挺括、滑爽，有较好的弹性，纤维不易拉断。

④ 锦纶纺丝织品。光泽呆滞，色彩度差，有蜡状感，手感冰凉，握后的折痕能慢慢复原，纤维不易拉断。

（4）麻、麻混纺及其他

① 天然麻织品。这类面料布面有随机分布的结子和疙瘩，给人视觉感觉不平整，手感挺括，弹性差，柔软性不好，易产生折痕。

② 化纤仿麻织品。其外观与天然麻织品相同，弹性好，不易产生折痕，悬垂性较好。

5.1.4.2 燃烧鉴别法

此方法需从服装的边、缝等处抽取经纱和纬纱作为待检物，将其点燃后观察燃烧现象、发出的气味以及灰烬等，将判断的结果与该服装的标签比对，从而确认是否存在掺假现象。

（1）棉麻

棉麻纤维均易点燃，且燃烧迅速，火焰呈黄色，冒蓝烟。棉纤维燃烧时有烧纸的气味，烧完后为少量黑色灰烬；麻纤维燃烧时的气味为草木灰气味，燃烧后为少量灰白色灰烬。

（2）毛纤维

真毛点燃后燃烧速度慢，伴随有烟和起泡现象，会闻到烧头发的焦臭味，灰烬为黑色颗粒，用手一压就能成粉。

（3）真丝

真丝燃烧速度较慢，遇火会缩成团，燃烧有咝咝声，有羽毛或毛发烧焦气味，灰烬为黑色，易捏碎。

（4）涤纶和腈纶

涤纶点燃出现熔缩现象，少数冒黑烟，火焰呈黄色，灰烬为黑褐色硬块，手指不易捏碎。

腈纶遇热熔缩，点燃冒黑烟，其火焰为白色，燃烧速度快，有飞溅感，有烧肉的辛酸气味，灰烬为黑色，手可捏碎。

（5）黏胶纤维和氨纶

黏胶纤维的燃烧速度快，有烧纸气味，火焰为黄色，灰烬为浅灰色或灰白色粉末。

氨纶易燃，近火即着，且边熔边燃，火焰为蓝色，有刺鼻的臭味，灰烬为蓬松黑色。

（6）锦纶

锦纶靠近火焰时会迅速熔卷成白色胶状，在火焰中熔燃滴落且有起泡现象，自身无火焰，离开火焰不会继续燃烧，有芹菜气味，其熔融物冷后为浅褐色珠状，手捏不碎。

5.1.5 面料的有害成分

人们为了使服装挺括漂亮，色彩绚丽，不起皱、防霉、防蛀、防火等，通常在面料的印染、服装的生产加工和保存过程中添加或使用各种化学品或一些重金属离子，如纤维整理剂、防火阻燃剂、杀菌剂、防霉防菌剂和染料等，使其满足人们的需要。国家对相关产品中的各类金属的限量作了规定，可参看《生态纺织品技术要求》(GB/T 18885—2020)、《染料产品中甲醛的测定》(GB/T 23973—2018) 等。另外，还可通过改变纤维的结构，使其具有抗菌防霉的性能，像棉纤维的乙酰化和氰乙基化。服装内可能含有的有害化学物质的类别、作用、成分和可能的危害见表5-4。

表5-4 服装面料中可能含有的有害化学物质的类别、作用、成分及可能的危害

类别	作用	成分	可能的危害
纤维整理剂	防皱，克服弹性差、易变形、易皱的缺点	甲醛的羧甲基化合物，如尿素甲醛、三聚氰胺甲醛等	甲醛对人体皮肤、眼睛、鼻黏膜等的刺激作用，大量可诱发炎症以及突变
防火阻燃剂	使纤维变为难燃纤维，起到防火作用	主要含磷、氯(溴)、锌等元素，有机膦酸酯类化合物APO、TCP(磷酸三甲苯酯)、THPC(四羟甲基氯化磷)等	APO[三(氮杂环丙烯基)氧化膦]、TDBPP[磷酸三(2,3-二溴丙基)酯]等经皮肤和口毒性较强，对造血系统有影响
染料	让布料染色产生各种颜色，满足人们的需求	种类复杂，偶氮染料、蒽醌染料经还原后产生毒性；重金属离子	沾染皮肤，引发皮炎等，亦可能诱发病变
防霉防腐剂	用于纺织品杀菌、防菌等	为金属汞、镉等有机化合物，苯酚类和季铵类化合物	有机金属化合物毒性较强
干洗剂	利用相似相溶原理洗涤衣物上的油性污渍	四氯乙烯、三氯乙烯、1,1,1-三氯乙烷等	四氯乙烯蒸气可引起动物肝、肾产生病变

5.2 不同面料服装的日常护理

随着生活条件的改善，每个家庭都有很多类型的衣服，因此涉及各类服装的保管和护理问题。在此为读者介绍一些保管和护理方法，但无法穷尽。

5.2.1 不同面料服装的保管

为了防止不同面料衣物相互影响，造成服装质量变化，因此有相互影响的服装需要分开存放。下面列举几类以供读者参考。

5.2.1.1 不同面料服装的存放

衣物的储存要考虑环境因素，还要考虑衣物之间的相互作用，衣物的存放方式，是否需要加入防虫剂、干燥剂等。下面就不同衣物的存放收藏进行介绍。

① 棉布服装。清洗晾干后悬挂或折平，需将白色和深色的分开，存放地点需干燥，防止霉斑。

② 丝绸服装。如果和其他衣物混放可以折好后用白布包好，也可用白色无纺布袋装好。不宜存放在樟木质的衣柜中。柞丝绸可使桑丝绸及其他白色或浅色衣服发黄，所以宜单独存放。

③ 合成纤维服装。洗净通风晾干后存放，长时间悬挂存放可能导致衣物拉伸变形。放樟脑丸可能影响衣物牢度。例如与棉、毛织品混放，可放防蛀剂，但是不能接触衣物。

④ 毛料服装。洗净晾干后存放在干燥处，放包好的防蛀剂。新毛衣一定要晾透后再收藏，切不可直接放入衣箱内。高档毛料衣物可悬挂保存，不要挤压，避免绒毛受损或衣物变形。

⑤ 裘皮类。使用衣架悬挂保存，并放防虫剂。适于用早上的太阳晾晒，晾晒时用布罩，避免直晒，名贵产品（黄狼皮、水貂皮等）控制在 2h 左右。在晾晒时可以拍打、抖动，亦可采用软刷顺毛梳理。裘皮类经晾晒、熨烫等处理后需在阴凉处散尽热量后再存放。

⑥ 皮革类。在储存前需晾晒去潮，存放地不易过干，干燥、高温会加速皮质老化，亦不可潮湿，在潮湿环境中易生霉斑。为保持皮革的性能，可到专业机构上油，或均匀地涂薄薄的一层甘油。

5.2.1.2 常见面料的熨烫

不同纤维类型不但洗涤方式不同，其熨烫温度、时间、方式也有所不同（表 5-5）。例如柞丝织物不能喷水熨烫，要采用干烫，才能有效地避免在服装上留下水渍印迹；表面有绒毛的织物不宜用力压烫，压烫会导致绒毛被压倒，影响服装的整体美观性。

表 5-5 常见面料耐热温度、原位熨烫时间和方法

面料名称	耐热温度/℃	原位熨烫时间/s	方法
全棉	150～160	3～5	喷水熨烫
印花布	160～170	3～5	喷水熨烫
绒布	150～160	3～5	喷水熨烫
丝绸	110～130	3～4	干烫
尼龙绸	90～110	3～4	干烫
锦纶	110～130	5	喷水熨烫
腈纶	120～150	5	喷水熨烫
涤棉布	160～170	3～5	喷水熨烫
灯芯绒	120～130		反面熨烫
纱卡、华达呢	160～170	5	喷水熨烫
市布	120～130		喷水熨烫
漂布	130～150		喷水熨烫
全毛呢绒	160～180	10	盖水布熨烫
劳动布	140～160		喷水熨烫
混纺呢绒	140～160	5～10	盖水布熨烫
毛涤纶	140～160	5～10	盖水布熨烫
粗厚呢	180～190	10	盖水布熨烫
细麻布	170～190	5	干烫

5.2.2 服装的护理

不同的服装依据服装面料特点，其保存方法和护理方法不同，一般服装的护理标签上有注明常规的护理信息及相关标记。各国进行贸易交易时，为了减少贸易障碍，有相应的护理标签标准，如我国的《纺织品 维护标签规范 符号法》(GB/T 8685—2008)、美国的 ASTMD 5489、国际护理标签协会 Gintex 护理标签相关规定、国际标准化组织的 ISO 3758 等。上一部分介绍了收藏方法，此部分介绍一些服装的护理方法，更多需求可以参考相关标准。

5.2.2.1 棉麻服装

棉麻服装一般不宜长时间暴晒，可能导致泛黄或褪色，在晾晒时最好晾晒反面。放入衣柜前可用挂烫机烫平，在阴凉处散尽热量后再挂在衣橱中。棉麻纤维不宜用大力拧干，会损伤纤维牢度。

5.2.2.2 丝绸服饰

丝绸服饰一般不宜暴晒，要防止与粗糙、锋利物品接触，尽量不要与酸碱接触；柞丝类服饰要注意避免沾染污水，否则较难除去。

5.2.2.3 羽绒服

在洗涤羽绒制品时以使用低泡中性洗涤剂为宜。在清洗过程中，将羽绒制品折叠后压干水分，切不可用手绞或用搓衣板搓，否则会损伤羽绒纤维，影响保暖性。晾晒时可将羽绒制品平摊在平板上，稍干后再用干净布遮住，放在阳光下暴晒，但时间不宜过长，干后用手拍松羽绒，翻转一面再晒一会儿，以待彻底晾干。不要使用油性去污剂，会伤害羽毛纤维。

5.2.3 衣物上污渍的处理

衣物上沾染污渍后应及时处理，以免污渍渗入纱线内部，从而难以去除，有些还会影响纤维的牢度等。

5.2.3.1 常用去污剂

用于去除衣物上污渍的洗涤剂有洗衣液、肥皂、洗衣粉等通用洗涤剂，还有特殊的洗涤剂。部分去污剂作用方式及机理见表 5-6。

表 5-6 部分去污剂作用方式及机理

去污剂	作用方式	机理
肥皂	通过阴离子表面活性剂(脂肪酸根离子)的润湿作用、增溶作用在机械力的作用下将衣物上的污渍去除	降低水的表面张力，增加污渍在水中的溶解度
洗衣粉、洗衣液	通过阴离子表面活性剂(烷基磺酸类居多)的润湿作用、增溶作用在机械力的作用下将衣物上的污渍去除	降低水的表面张力，增加污渍在水中的溶解度
汽油	为非极性有机溶剂，利用其去除油性污渍，使用前需在衣物内测试是否会影响衣物的染料染色牢度。还要防止晕染，最好从外围往内洗，洗涤部位垫上卫生纸或棉布	利用相似相溶原理
酒精	为极性有机溶剂，能够洗掉一些油性污渍和霉斑，使用前用酒精进行测试，使用时也要防止晕染	利用相似相溶原理及酒精的杀菌作用

续表

去污剂	作用方式	机理
酶	一般不单独使用，用于配合洗衣粉或洗衣液，主要分解蛋白质、脂类等污渍	利用酶的酶解作用
漂白剂	将漂白剂溶于水中，浸泡衣物，使用时按照要求佩戴手套	利用漂白剂的氧化性或还原性
氨水等碱性药剂	利用1%～3%的水溶液去除果汁和汗渍等酸性污渍；应为局部涂抹	利用其反应后成铵盐，增加水溶性等
稀硝酸等	利用酸性水溶液去除铁锈，铁锈主要成分为 Fe_2O_3；应为局部涂抹	用酸与铁锈反应成盐，增加水溶性

5.2.3.2 常见污渍的去除

一旦衣物上沾染污渍应尽量在短时间内去除，避免污渍渗入纤维后难以去除。以下介绍一些去除常见污渍的办法。

（1）油类污渍

① 食用油。用洗洁精或类似的去污剂在区域内擦洗后再整体洗涤；也可利用汽油和四氯乙烯（干洗剂）等洗涤，但是使用前一定先确认该衣物是否能用汽油和四氯乙烯等有机溶剂洗涤。也可以尝试将面粉糊涂在油污污渍的正反面，晒干后小心去除面饼。

② 肉汤。可用洗洁精搓洗污渍区域，然后洗涤；也可以先用蛋白酶进行浸泡，再用清水浸泡后清洗。

③ 机械油。将多余的机油用卫生纸或滤纸去除，少量的机械油用汽油从外向内擦洗，要垫上卫生纸或废衣物，避免晕染。也可以用专用洗涤剂洗涤。

④ 鞋油。白色衣物可用汽油在污渍处从外向内洗涤，再用10%的氨水洗，最后漂洗干净。

⑤ 圆珠笔油。可以用香蕉水和四氯化碳的混合液擦洗；也可用汽油先去油，再用丙酮或酒精清除剩余油渍，最后洗净即可。

⑥ 印泥油。用四氯化碳去除油污，再用皂液洗涤。

⑦ 化妆油。先用10%的氨水溶液润湿，再用4%的草酸溶液擦拭，最后洗涤干净。

⑧ 指甲油。用香蕉水擦洗，也可用消光剂去除，但注意防止晕染。也可依次使用四氯化碳或汽油润湿油渍，用含氨洗涤剂预洗，再用香蕉水擦洗后用汽油洗净。

⑨ 蜡烛油。用小刀刮去多余的蜡烛油，再垫上卫生纸或吸油纸后用熨斗进行反复熨烫，利用卫生纸等吸去蜡烛油，达到清洁的目的。

⑩ 油漆。可用汽油或松节油进行擦洗；陈旧干渍可用乙醚和松节油的1∶1混合液浸泡，干渍软后揉搓，再用汽油进行洗涤，然后用洗涤剂在温水中洗净。

（2）饮品类

① 酒渍。白酒可直接水洗去除，如果为陈旧印记可用2%的氨水硼砂溶液洗去；如果是果酒或葡萄酒，可用热的10%的柠檬酸酒精溶液洗，再加入洗涤剂用水洗。

② 茶渍。先用洗涤剂洗，再用氨水和甘油的混合液洗；如果是陈旧污渍可加入草酸进行洗涤。

③ 果汁。可用盐水先浸泡，再用洗涤剂清洗；对陈旧印迹可将氨水稀释20倍后洗涤，洗完后再用洗涤剂洗。使用氨水时注意通风。

④ 番茄酱。新污渍需要立即清洗。如果为陈旧印迹，可以用汽油和酒精交替擦洗，要

注意防止晕染和通风；也可以用水润湿后用50℃的甘油润湿30 min，洗掉甘油后，用温水加入洗涤剂洗净即可。

（3）乳品类

① 牛奶等奶制品。可用冷水浸泡后加蛋白酶进行分解，并适当地在污渍处加温水，最后洗净即可。也可用汽油或四氯化碳清洗，然后洗净，注意通风。

② 黄油。可用汽油或四氯化碳擦洗，用酒精洗掉颜色，再用洗涤剂和氨水溶液洗涤，最后洗净即可。

③ 奶油。用纸擦去多余奶油，再用小苏打水浸湿奶油渍，然后涂抹洗洁精进行清洗，最后漂洗干净即可。

（4）墨迹类

① 蜡笔。用汽油去除其中的油性部分，再用酒精或酒精与NaOH溶液（2%～3%）洗涤，最后漂洗干净。

② 钢笔墨水。先用水洗，印迹可用2%的草酸溶液进行洗涤。

③ 圆珠笔。先以汽油洗涤，再用酒精或丙酮洗，最后用洗涤剂洗净。

④ 墨汁。用清水立即洗涤，然后用温洗涤液洗，若还没洗干净，可用米饭加盐在印迹处反复揉搓；如果墨汁为陈渍，须先用温水洗涤，再用酒精∶肥皂∶牙膏＝1∶2∶2的比例调制糊状物涂抹于印迹处，并反复揉搓，最后洗净即可。

5.2.3.3 干洗

干洗是用有机溶剂作为洗涤剂亦可使用复合溶剂作为洗涤剂洗涤衣物，其与水洗相对应。一般不能由消费者自己完成，需要由专门机构用专业设备完成。干洗的主要优点是容易去除油溶性污渍，不易造成衣物脱色和变形。但值得注意的是，必须是在衣物的标签中说明可以采用干洗的衣物才能进行干洗，否则不能。当羊毛、丝绸等高档衣物沾染油污后，一般建议通过干洗去除。干洗的劣势是使用的干洗剂大多有一定毒性，且其对水溶性污渍清除困难，往往会加入一些表面活性剂和微量水分形成混合洗液进行洗涤。

一般的干洗店都是采用成品的干洗剂进行洗涤，常用的干洗剂有四氯乙烯、汽油、三氯乙烯、F113等（目前干洗以四氯乙烯为主）。干洗的程序一般有清洗、漂洗、脱洗、烘干、脱臭、冷却等。我国对干洗的相关产品及检验等都有相关标准，如GB/T 5711—2015、GB/T 19981.1—2014、GB/T 38730—2020、GB/T 19981.3—2009等。如果需要详细研究可参看相关标准。

干洗是在相应的机构用干洗机完成，干洗机是密封式机械，可以回收干洗剂，实现循环利用。因人体免疫能力不同，因此不同的人对干洗剂的不良反应也不同，一般情况下，干洗完的衣物不能直接穿，需要在阴凉通风处将干洗剂完全挥发后再收藏，建议与贴身衣服及易腐蚀衣物分开存放。贴身衣物一般不采用干洗，以免对人体产生不良影响。

5.3 服装染料与化学

随着现代化学合成工业的发展，人工合成的染料为服装面料的染色带来多种选择，染料可以分为人工合成染料和天然植物染料。

5.3.1 染料的定义

染料是在一定条件下，使纤维或其他物质染色的有颜色的有机物，且染色要有一定的牢度。染料一般可以溶于水或其他溶剂，或者在一定条件下成为液态物质，或处理成具有一定分散程度的分散状态进行使用。不同染料对不同性质的纤维染色牢度和性能也不同，其染色方法或工艺也不同。

但有颜色的物质并不一定是染料，例如颜料，颜料一般用在油漆、涂料和油墨等领域。颜料和染料统称为着色剂。染料除了可以用于印染服装面料外，还可以应用在食品和医药领域，但是有严格的规定。

5.3.2 染料的分类

依照我国现行染料分类国家标准 GB/T 6686—2006，染料根据使用方法和性能分类，因此可以分为直接染料、硫化染料、还原染料、反应染料、显色染料、酸性染料、媒介染料、分散染料、碱性染料、阳离子染料、颜料、食用染料、其他染料等。

① 直接染料。在中性或弱碱性且含电解质的染浴中，能使纤维素类纤维染色的水溶性染料，亦能用于丝绸的印染。这类染料一般为平面线形有机大分子化合物，与纤维之间的作用力为范德华力及氢键。

② 硫化染料。需要使用硫化钠进行还原才能上染纤维，然后经氧化显色固着于纤维上的染料。

③ 还原染料。指具有两个以上羰基的不溶于水的染料。

④ 反应染料。以前称为活性染料，是一类在分子结构中含有在染色过程中能与纤维形成共价键结合的反应性基团的染料。主要用于纤维素纤维染色，亦能用在蛋白质纤维和聚酰胺纤维上。

⑤ 显色染料。是一类以中间体形式上染纤维，然后经某种处理而形成染料的有机物质。

⑥ 酸性染料。这一类染料在水溶液中会解离得到阴离子色素，用于在中性到酸性的染浴中染蛋白质和聚酰胺等纤维。大多数酸性染料分子中都含有磺酸基，少数含有羧基。

⑦ 媒介染料。这类染料分子中包含能与金属离子络合的配体结构，以前称酸性媒介染料。在对蛋白质纤维染色时，用金属媒染剂处理有利于增加染色的牢度。

⑧ 分散染料。这类染料是需要利用分散剂才能在染浴中高度分散的非离子染料，这类染料一般难溶于水，可以对聚酯纤维、醋酯纤维等进行染色。

染料也可以按照化学结构分类，这一分类方法是依据染料分子中包含的基本结构、基团及染料合成方法和性质来分类的，如偶氮染料、靛族染料、酞菁染料等。

① 靛族染料。这类染料由靛蓝及其衍生物和结构类似的其他染料组成，有靛蓝结构染料和硫靛结构染料。

② 蒽醌染料。这类染料结构中含有蒽醌结构或多环酮结构，在数量上仅次于偶氮染料，是一类重要的染料，如还原性染料、分散性染料、酸性染料等。

③ 酞菁染料。这类染料是含有酞菁金属络合物结构的染料，主要有翠蓝、翠绿两个种类，其优点是色泽鲜艳。

④ 硫化染料。这类染料是通过一些有机化合物与多硫化钠或硫黄经过熬煮或焙烘制备得到的，分子中具有比较复杂的含硫结构，具体分子量、分子结构不完全清楚。

⑤ 次甲基染料。也称为菁染料、多甲川或杂氮甲川染料，在分子中含有次甲基片段，一般作为阳离子染料。

⑥ 芳甲烷染料。这类染料问世较早，产量次于蒽醌染料，色泽鲜艳。主要有二芳基甲烷染料和三芳基甲烷染料。有碱性染料、酸性染料、溶剂染料等类型。色泽鲜艳，有红、紫、蓝、绿等颜色。

⑦ 硝基和亚硝基染料。硝基作为发色团在分子的共轭体系中起主要作用。

⑧ 偶氮染料。这类染料的生色团为偶氮基（—N═N—），有单偶氮、双偶氮和多偶氮之分，有酸性染料、酸性媒染料、活性染料、金属络合染料、阳离子染料、分散染料等。这类染料品种最多，超过 2000 个品种。

5.3.3 染料的命名

染料的种类繁多，且每类染料的性质和使用方法也有较大差异，为了便于区别和使用，国家统一了染料的命名规则。在《纺织品用染料产品 命名原则》（GB/T 3899.1—2007）中就指出，我国对染料的命名统一使用三段命名法，染料名称包含冠称、色称和尾称共三个部分。

冠称：表示染料按性能和应用方法分类的名称，如分散、还原、活性、直接等。

色称：表示染料色泽的名称，是依据《纺织品用染料产品 命名标准色卡》（GB/T 3899.2—2007）中所述方法进行颜色辨认及确定名称。标准色卡共有 37 个色区，39 个色称。

尾称：表示染料系列、色光、性能和用途等特征，一般用汉字、字母和数字表示。如需更加详细了解请查看 GB/T 6886—2017。

（1）染料的色光和色的品质常用以下字母表示

以下四个符号表示色的色光：R 表示红光；B 表示蓝光；G 表示绿光（所有黄色区）或黄光（其余色区）。

以下四个符号表示色的品质（前两个来自国标 GB/T 3899.1—2007，后两个来自其他参考材料）：N 表示近中性灰色或色光特殊；F 表示色光稍亮；D 表示深色或色光稍暗；T 表示深。

（2）使用下面的符号表示性质和用途

C 表示比同类同系列的染料品种有显著较高的耐氯牢度；L 表示比同类同系列的染料品种有显著较高的耐光色牢度；P 表示适用于印花；S 表示适用于丝绸。

（3）染料的浓度和力份的表示方法

Conc. ——浓；H. C. ——高浓度；Ex. ——特浓；Double——双倍浓度。50%、100%、200%等表示染料的力份。染料的力份又被称为强度，是一个依照标准染料得出的相对值，例如标准染料的力份定为 100%，50%的力份表示所用浓度为标准染料的一半，200%的力份表示所用浓度为标准染料的 2 倍。

（4）染料的物理状态

Pdr. ——粉状；MicroPdr. ——细粉状；F——细粉；M. d. ——分散细粉；S. f. ——超细粉；Gr. ——粒状；P. f. f. d. ——染色用细粉状；P. f. f. p. ——印花用细粉状；Paste——浆状；Liquid——液状。

染料命名举例。例如还原紫 RR，就可知道这是带红光的紫色还原染料，还原是冠称，紫是色称，R 表示带红光，两个 R 表示红光较重。还原蓝 RSN，还原为冠称，蓝是色称，RSN 为尾称，R 表示色光为红光，S 表示标准浓度，N 表示标准染法。

5.3.4 染料的染色牢度

染色牢度是指染色织物在使用过程中或在以后的加工过程中，染料或颜料在各种外界因素影响下，能保持原来色泽的能力。染色牢度是染色成品的重要质量指征。染色牢度受纤维种类和外界因素影响，可分为耐光色牢度、耐气候色牢度、耐汗渍色牢度、耐摩擦色牢度等。

下面分别对耐皂洗色牢度、耐光照色牢度等进行简单介绍。

① 耐皂洗色牢度。指纺织品样品与一块或两块规定的标准贴衬织物缝合在一起，然后置于皂液或肥皂与无水碳酸钠混合液中，在规定的时间和温度下，进行有序的搅动，再经过清洗和干燥的程序，以原样作为参照，用灰色样卡或仪器评定试样变色和贴衬织物染色情况。耐皂洗色牢度按 GB/T 250—2008 所述可分为五级九档，其中一级最差，五级最好；其沾色也可按 GB/T 251—2008 中所述分为五级九档，一级沾色最严重，五级为不沾色。

② 耐摩擦色牢度。是将纺织样品分别与一块干摩擦布和一块湿摩擦布进行摩擦，评定摩擦布沾色程度。耐摩擦色牢度试验仪通过两个可选择尺寸的摩擦头提供两种组合试验条件：一种用于绒类织物；另一种用于单色织物或大面积印花织物。评定时，在适宜的光源下，用评定沾色灰色样卡评定摩擦布的沾色级数，适用标准为 GB/T 6151—2016。

③ 耐人造光色牢度。是将纺织品样品与一组蓝色羊毛标样一起放在人造光源（氙灯）下，按照规定程序进行暴晒，然后将样品与蓝色羊毛标样进行变色对比，评价染料耐光色牢度。对于白色（包含漂白及荧光增白）纺织品，是将样品的白度变化与蓝色羊毛标样对比，从而评价色牢度。蓝色羊毛标样色度为 1～8 级，评定依据依然使用 GB/T 250—2008。

其他与此相关的资料有《纺织品 色牢度试验 耐光黄变色牢度》（GB/T 30669—2014）、《纺织品 色牢度试验 评定沾色用灰色样卡》（GB/T 251—2008）、《纺织品 色牢度试验 光致变色的检验和评定》（GB/T 8431—1998）、《纺织品 色牢度试验 综合色牢度》（GB/T 14575—2009）、《纺织品 色牢度试验 颜料印染纺织品耐刷洗色牢度》（GB/T 420—2009）等。读者可以自行查阅及参看，在此不一一介绍。

5.3.5 染料的颜色与化学结构

不同的染料有不同的颜色，这与其化学结构密切相关，所以在介绍染料的颜色与结构的关系时，先介绍简单的化学知识。

5.3.5.1 发色团和助色团

1876 年 O. N. Witt 提出发色团与助色团理论，要使该分子结构有颜色，在其结构中至少要含有某些不饱和基团，这类基团就被称为发色基团，也称生色团。含有发色基团的分子称为发色体或色原体，分子结构中含有的发色团越少，颜色就越浅，反之则越深。这类结构如下：$-N{=}N-$、$-C{=}C-$、$-N{=}O$、$-NO_2$、CO 等。

分子结构中仅有助色团时，一般没有颜色，但其能够增强发色团的发色作用，还能增强染料与纺织品或其他被染物的作用力。从化学结构上来看，助色团主要是含有孤对电子的杂原子类的基团，例如氨基（$-NH_2$）、羟基（—OH）、烷氧基（—OR）等。

5.3.5.2 分子轨道与光能

有机染料分子的颜色来源于分子内的基团吸收光子能量，所吸收光处在可见光（400～800nm）范围（图 5-2）内，人们就能看到不同的颜色。染料所展示的颜色与吸收光的能量有关，不同波长的光具有不同的能量。依据光波长与能量的关系 $E=h\nu$，可以计算得到不同波长光的能量。染料分子在吸收光能后将从基态跃迁到激发态，但在微观状态下，依据量子力学，分子轨道间的能量不是连续的而是量子化的。不同分子的分子轨道（休克尔分子轨道理论）不同，发生跃迁时能量不同，因此不同染料分子吸收的光不同。

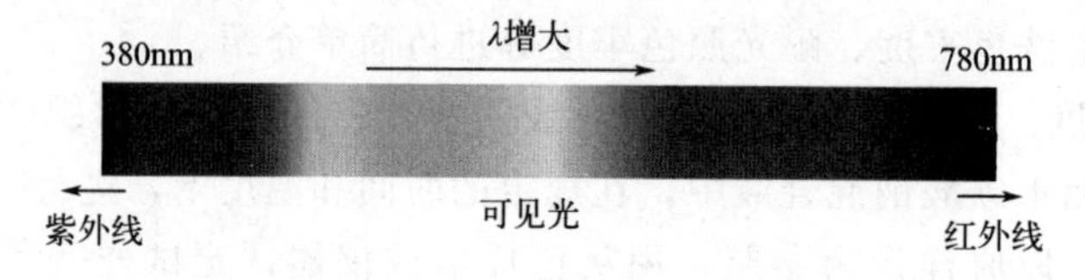

图 5-2 可见光光谱范围

分子在发生跃迁时有 $\pi\rightarrow\pi^*$ 跃迁、$n\rightarrow\pi^*$ 跃迁、$\sigma\rightarrow\sigma^*$ 跃迁等（不饱和键包含 π 电子，N、O 等杂原子包含 n 电子，饱和键所含电子为 σ 电子），但是只有分子发生 $\pi\rightarrow\pi^*$ 跃迁时，所吸收的光才落在可见光范围内（图 5-3）。

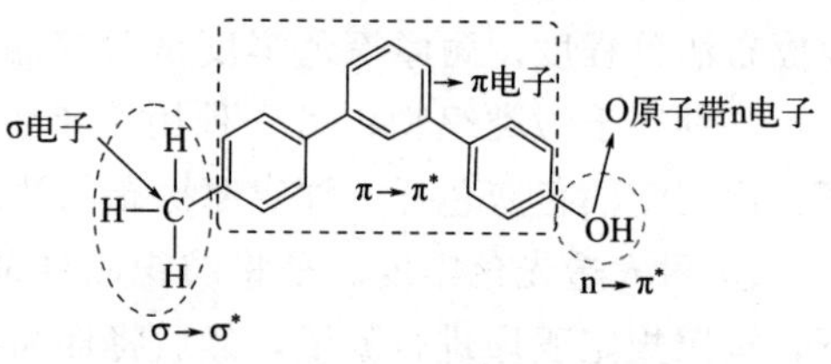

图 5-3 各类型电子及电子跃迁类型

5.3.5.3 染料分子结构与颜色

染料分子要能够吸收可见光，其分子结构中就必须含有不饱和基团，一般情况下，共轭的不饱和基团越多，各共轭的不饱和基团会由于共轭效应的影响，其键能都低于同类型孤立的不饱和键（表 5-7）。共轭基团越多，其最大吸收波长（λ_{max}）会出现红移，因此吸收的光向长波方向移动，染料表现出的颜色也越深，在染料领域称为深色效应；共轭体系增加除增大波长外，吸收光的能力也增强，因此分子的摩尔吸光系数（ε）也增加，还表现出浓色效应。

表 5-7 结构和颜色的关系

结构	名称	颜色	λ_{max}
	苯	无色	204
	萘	无色	279
	蒽	淡黄色	363
O O	蒽醌	淡黄色	405

注：数据来源于 https://webbook.nist.gov/chemistry/name-ser/。

当染料分子中的共轭双键被其他基团隔断，分子中的共轭体系被分隔成两个或多个时，最大吸收波长将减小，向蓝光方向移动，颜色变浅。如果染料分子的平面性被破坏，则会影响共轭体系的共轭性，因此染料颜色会减弱。当染料分子中有吸电子（有些书中称为拉电子）的极性基团，若基团能与染料分子中的共轭体系共轭则起到增色作用（图 5-4）。

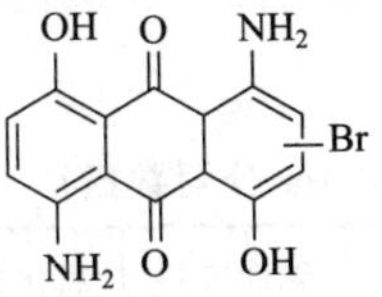

色调：艳蓝

(a) 分散蓝56

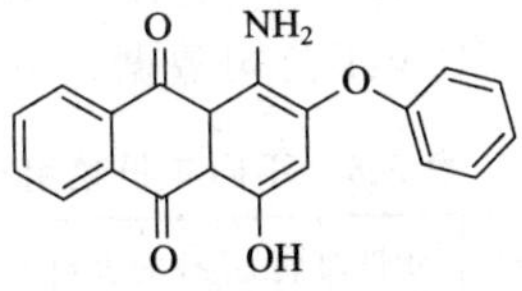

色调：艳蓝红光

(b) 分散红60

图 5-4 蒽醌染料案例

5.3.6 禁用染料

5.3.6.1 禁用染料概述

各类染料的印染工艺不同，有些会用到一些重金属盐；有些在印染时会排放大量无法降解或有毒的染料废水；有些在使用后会对人体皮肤产生刺激，甚至诱发皮肤癌。因此，各国都在对染料的安全性进行评估，评估内容包括对环境的友好性、生物安全性以及重金属离子在产品中的限量等。依据各国的研究结果，各国也列出了禁止使用的染料、禁止使用的领域等。下面就禁用染料进行介绍。

1895 年，德国首先发现芳香胺的致癌问题，尤其是膀胱癌，后来英国、美国等国也相继发现该问题，至此开始禁止制造和使用乙萘胺、联苯胺等染料中间体。从 1905 年德国卫生部门从品红、萘胺等染料认识到芳香胺的致癌作用起，各国在此后发现与芳香胺接触的行业中共有超过 3000 例膀胱癌。

据报道，1969 年在日本召开的第十六届国际卫生会议就芳香胺致癌性进行了讨论。德国 MAK（MAK 意为最大的工作场所浓度）委员会指出由致癌芳香胺制备得到的偶氮染料在人体肠道细菌及某些酶的作用下易发生还原反应，从而释放出致癌芳香胺，产生致癌性。德国在 1971 年停止生产联苯胺类染料。我国在 1974 年左右也禁止生产和使用联苯胺、乙萘胺及相应的染料，同时将部分联苯胺衍生物定为致癌化学品。欧洲成立了染料制造工业的生态学与毒理学协会（简称 ETAD），该机构专门研究染料和有机颜料的毒理学与生态学，并将数据汇总制作成材料安全数据表（简称 MSDS），该机构在对 4400 多种染料和有机颜料研究后，发现大约 50～60 种芳香胺分解后有致癌性。德国在 1992 年颁布了日用品法，并提及禁用染料的内容，在 1994 年经补充后更为详细，法案中禁用的有 118 种。德国的法案先后经过 5 次修正，构成德国禁用染料法令的全部内容。德国的染料禁令中包含 20 种致癌芳香胺，再合并欧共体增加的 2 种，一共 22 种，即 4-氨基联苯（CAS 号：94-67-1）、联苯胺（92-87-5）、4-氯-2-甲基苯胺（95-69-2）、2-萘胺（91-59-8）、4-氨基-3,2′-二甲基偶氮苯（97-56-3）、2-氨基-4-硝基甲苯（99-55-8）、2,4-二氨基苯甲醚（815-05-4）、4,4-二氨基二苯甲烷（101-77-9）、3,3′-二氯联苯胺（91-91-1）、3,3′-二甲氧基联苯胺（119-93-7）、3,3′-二甲基联苯胺（119-90-4）、3,3′-二甲基-4,4′-二氨基二苯甲烷（838-88-0）、2-甲氧基-5-甲基苯胺（120-71-8）、3,3′-二氯-4,4′-二氨基二苯甲烷（101-14-4）、邻甲苯胺（95-53-4）、2,4-二氨基甲苯（95-80-5）、对氯苯胺（106-47-8）、4,4′-二氨基二苯醚（101-80-4）、4,4′-二氨基二苯硫醚（139-65-1）、2,4,5-三甲基苯胺（137-17-7）、4-氨基偶氮苯（60-09-3）和邻氨基苯甲醚（90-04-0）。随着德国法令的颁布，世界各国均对染料的毒理学进行了研究，我国也颁布了相应的禁令，在当时（20 世纪 90 年代初）我国使用的芳香胺染料有直接染料（51 种）、分散染料（9 种）、酸性染料（9 种）、冰染染料（4 种）和碱性染料（1 种）。

不同年份禁用染料（Bayer 公司数据）见表 5-8。

表 5-8 不同年份禁用染料表（Bayer 公司数据）

年份	禁用染料种类/种	直接染料/种	酸性染料/种	分散染料/种	冰染染料/种	碱性染料/种	氧化色基/种	溶剂染料/种	媒染染料/种
1994	118	77	26	6	3	3	1		
1999	146	84	29	9	5	7	1	9	2

国际纺织品生态研究和检验协会于 1999 年发布了 Oeko-Tex Standard 100 的 2000 年版，在德国和欧共体的基础上进行了调整，增加了 2,4-二甲基苯胺和 2,6-二甲基苯胺两种致癌芳香胺，因此疑似具有致癌作用的芳香胺共有 23 种。

2022 年发布的 Oeko-Tex^{R} Standard 100 的 2022 版中共有禁用染料 18 种，过敏性染料 22 种，其他禁用染料 11 种，需要检测的染料 1 种详见表 5-9。

表 5-9 2022 版 Oeko-Tex^{R} Standard 100 中标注的染料

序号	名称	CAS 号
Dyestuffs and pigments classified as carcinogenic(致癌染料与涂料)		
1	C. I. Acid Red 26	3761-53-3
2	C. I. Acid Red 114	6459-94-5
3	C. I. Basic Blue 26(with≥0.1% Michler's ketone or base)	2580-56-5
4	C. I. Basic Red 9	569-61-9
5	C. I. Basic Violet 3(with≥0.1% Michler's ketone or base)	548-62-9
6	C. I. Basic Violet 14	632-99-5
7	C. I. Direct Black 38	1937-37-7
8	C. I. Direct Blue 6	2602-46-2
9	C. I. Direct Red 28	573-58-0
10	C. I. Disperse Blue 1	2475-45-8
11	C. I. Disperse Orange 11	82-28-0
12	C. I. Disperse Yellow 3	2832-40-8
13	C. I. Pigment Red 104(Lead chromate molybdate sulphate red)	12656-85-8
14	C. I. Pigment Yellow 34(Lead sulfochromate yellow)	1344-37-2
15	C. I. Solvent Yellow 1(4-Aminoazobenzene)	1960-9-3
16	C. I. Solvent Yellow 3(o-Aminoazotoluene)	97-56-3
17	C. I. Direct Brown 95	16071-86-6
18	C. I. Direct Blue 15	2429-74-5

续表

序号	名称	CAS 号
Dyestuffs classified as allergenic(致敏染料)		
1	C. I. Disperse Blue 1	2475-45-8
2	C. I. Disperse Blue 3	2475-46-9
3	C. I. Disperse Blue 7	3179-90-6
4	C. I. Disperse Blue 26	
5	C. I. Disperse Blue 35	12222-75-2
6	C. I. Disperse Blue 102	12222-97-8
7	C. I. Disperse Blue 106	12223-01-7
8	C. I. Disperse Blue 124	61951-51-7
9	C. I. Disperse Brown 1	23355-64-8
10	C. I. Disperse Orange 1	2581-69-3
11	C. I. Disperse Orange 3	730-40-5
12	C. I. Disperse Orange 37(=59/=76)	51811-42-8,13301-61-6,12223-33-5
13	C. I. Disperse Orange 59	
14	C. I. Disperse Orange 76	
15	C. I. Disperse Red 1	2872-52-8
16	C. I. Disperse Red 11	2872-48-2
17	C. I. Disperse Red 17	3179-89-3
18	C. I. Disperse Yellow 1	119-15-3
19	C. I. Disperse Yellow 3	2832-40-8
20	C. I. Disperse Yellow 9	6373-73-5
21	C. I. Disperse Yellow 39	
22	C. I. Disperse Yellow 49	
Other banned dyestuffs(其他禁用染料)		
1	C. I. Disperse Orange 149	85136-74-9
2	C. I. Disperse Yellow 23	6250-23-3
3	C. I. Basic Green 4(oxalate)	2437-29-8,18015-76-4
4	C. I. Basic Green 4(chloride)	569-64-2
5	C. I. Basic Green 4(free)	10309-95-2
6	C. I. Acid Violet 49	1694-09-3
7	C. I. Basic Violet 1	8004-87-3
8	C. I. Slovent Yellow 2	60-11-7
9	C. I. Slovent Yellow 14	842-07-9
10	C. I. Direct Blue 218	28407-37-6
11	Navy Blue(Index-Nr. 611-070-00-2;EG-Nr. 405-665-4)	
Colourants under observation(受监测的染料)		
1	C. I. Basic yellow 2(=Solvent Yellow 34)(hydrochoride & free base)	2465-27-2,492-80-8

我国也对织物中的染料进行了规定，国际上禁用的染料在我国同样禁用。我国相关部门也制定了相关标准以指导禁用染料的检测，例如《纺织品 禁用偶氮染料的测定》（GB/T 17592—2011）、《染料产品中 23 种有害芳香胺的限量及测定》（GB 19601—2013）、《染料产品中 4-氨基偶氮苯的限量及测定》（GB/T 24101—2018）等。

5.3.6.2 致癌机理

经研究表明，芳香胺的致癌机制一般认为是其进入人体后，经过氮羟化和酯化后，可以与碱基作用，从而导致 DNA（脱氧核糖核苷酸）在复制中产生错误配对，使得 DNA 的结构和功能出现变化，导致肿瘤细胞产生，经过发展后成为肿瘤。

5.3.7 代表性染料

5.3.7.1 合成染料

荧光增白剂是一类无色的荧光染料，将其施于物品中后，会因为其产生的荧光而给人的视觉感觉增加了物品的白度。和其他染料一样，可以通过合适的印染手段，将其染于各类纤维上。其广泛用于纺织、造纸及合成洗涤剂等行业。

荧光增白剂是一类具有平面结构且含有共轭双键的有机化合物，能够吸收太阳光中 350nm 左右的紫外线，荧光增白剂分子被激发成激发态，由于激发态不稳定，又以光辐射（发光）的形式释放能量，由于能量的损失，发出的光线波长约 450nm，从而使得从织物上反射的蓝紫色光增加，从而给人的视觉感受就是洁白的效果，因此荧光增白剂是一种光学上的相互作用，而不是化学漂白，也不能替代化学漂白。

荧光增白剂的分子结构中一般以芳环共轭系统为母体结构，在取代基的作用下，改变分子的荧光特征。常见的荧光增白剂有吡唑啉型、二苯乙烯型、香豆素型、苯并氧氮型、苯二甲酰亚胺型等（图 5-5）。

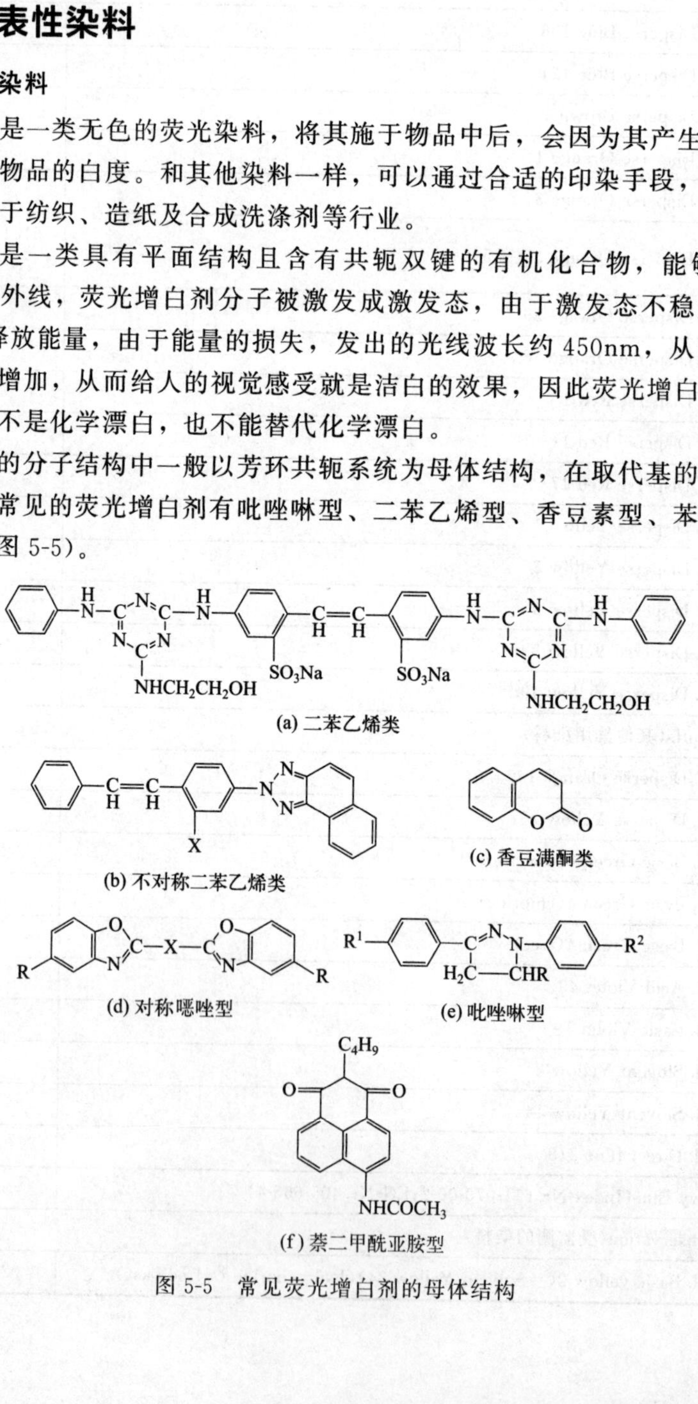

(a) 二苯乙烯类

(b) 不对称二苯乙烯类

(c) 香豆满酮类

(d) 对称噁唑型

(e) 吡唑啉型

(f) 萘二甲酰亚胺型

图 5-5 常见荧光增白剂的母体结构

5.3.7.2 天然染料

在合成染料出现以前，人们一直使用天然染料，现在仍然在用。天然染料可来源于植物、动物和矿物中得到的色素物质，因此也分为植物染料、动物染料和矿物染料，如红花、靛蓝、丹砂等。因天然染料与织物纤维之间的作用力小，直接染色使得染色牢度不足，因此常使用媒染剂，如明矾、硫酸铜、单宁酸等。

植物染料是天然染料中最多的一类，其来源有红花、靛蓝、苏木、紫草、茜草、黄栀子等。动物染料品种少且昂贵，如虫胶紫、胭脂红等。矿物染料多为金属氧化物和无机金属盐，因此水溶性不好，所以多用在颜料中。

(1) 天然染料的优缺点

天然染料的开发是人类长期经验的积累，其具有以下优点：首先，天然染料来源于自然界，与环境的相容性好，因此对环境污染小；其次，由于天然染料多数源于植物，故为水溶性染料，除染色外，可能还附带有植物的香气或一定药物功效；最后，其与合成染料相比，再生性有优势，可以通过人工种植不断再生，而合成染料依赖石油和煤炭，石油和煤炭作为化石能源在短时间内不易再生。

天然染料也存在染色牢度差、染色重现性差、产量小故不适合大规模工业生产等缺点。

(2) 天然染料的种类

植物型天然染料主要有叶绿素类、类胡萝卜素类、类黄酮类、鞣质类、醌类、生物碱类、吲哚类及其他类型。

叶绿素是二氢卟酚色素，由 4 个吡咯环作为配体，金属离子 Mg 作为中心离子配位而成，因其来源于自然界，因此多用于食品工业。

类胡萝卜素主要分布在一些植物的茎、叶和果实中，如胡萝卜、栀子和番茄等，颜色有橙、黄、红，在空气中氧化易变色。

类黄酮类的母体是 2-苯基苯并吡喃环。类黄酮物质一般存在于植物的花、叶、果实及茎中，有花青素、黄酮类、新黄酮类似物。

鞣质是有机酚类物质，存在植物中，依据结构可分为水解鞣质和缩合鞣质。水解鞣质可被水解为没食子酸和葡萄糖或者是逆没食子酸和葡萄糖，存在于石榴皮、五倍子等植物中。缩合鞣质存在于茶叶、桉树、白桦等植物中。

醌类天然色素主要有蒽醌和萘醌两大类。蒽醌具有 3 个环，萘醌只有 2 个环。根据其母环上的取代基不同，如羟基、糖苷、羧基等，颜色和溶解性都有差异。溶解性的不同就使用染料进行染色时所用溶剂也不同。

生物碱类化合物是一类含氮的有机化合物，大多为无色，但也有一部分有颜色，因此作为天然染料使用，例如小檗碱为黄色，在药材黄柏、大黄藤、十大功劳等中都含有小檗碱，是天然的阳离子染料。

天然的蓝色染料中以吲哚类最常见，如靛蓝。靛蓝是从马蓝、菘蓝等植物中提取得到的。靛蓝属于还原性染料，其水溶性不好，合成的靛蓝和天然靛蓝具有相同的结构。

其他类型的染料还有姜黄、红曲等。

参考文献

[1] 濮微. 服装面料及辅料 [M]. 2 版. 北京：中国纺织出版社，2015.

[2] 季荣．服装材料识别与选购［M］．北京：中国纺织出版社，2014.
[3] 吴微微．服装材料学．应用篇［M］．2版．北京：中国纺织出版社，2016.
[4] 王志良．服装面料的简易鉴别［J］．纤维标准与检验，1994，1：16-18.
[5] 陈继兴．怎样鉴别服装面料成分真伪［J］．中国标准化，2003，2：73.
[6] 朱晓晴．服装存放方法［J］．农家科技，2012，3：49.
[7] 魏道培．国际标准组织向你提供护理服装解决方案［J］．中国纤检，2012，15：76.
[8] 展义臻，韩文忠，王炜．输美纺织服装护理标签法规标准介绍［J］．现代纺织技术，2011，19（3）：45-49.
[9] International Association for Research and Testing in the Field of Textile and Leather Ecology. STANDARD 100 by OEKO-TEX® ［S］. OEKO-TEX，2022.
[10] 中华人民共和国国家质量监督检验检疫总局，全国纺织品标准化委员会基础分委会．GB/T 3921—2008 纺织品 色牢度试验 耐皂洗色牢度［S］．北京：中国标准出版社，2008.
[11] 中华人民共和国国家质量监督检验检疫总局，全国纺织品标准化委员会基础分委会．GB/T 3920—2008 纺织品 色牢度试验 耐摩擦色牢度［S］．北京：中国标准出版社，2008.
[12] 中华人民共和国国家质量监督检验检疫总局，全国纺织品标准化委员会基础分委会．GB/T 8427—2008 纺织品 色牢度试验 耐人造光色牢度：氙弧［S］．北京：中国标准出版社，2009.
[13] 路艳华，张峰．染料化学［M］．北京：中国纺织出版社，2009.
[14] 章杰．禁用染料和环保型染料［M］．北京：化学工业出版社，2002.
[15] 中华人民共和国国家质量监督检验检疫总局，全国染料标准化技术委员会．GB/T 6686—2006 染料分类［S］．北京：中国标准出版社，2006.

第6章 化妆品与化学

化妆品是为清洁、保护和美化人体皮肤、毛发、牙齿以及指（趾）甲、嘴唇等部位而使用的日常用品，主要起清洁作用、保护作用、营养作用、美容作用和某些特殊作用。2007年7月24日，中华人民共和国国家质量监督检验检疫总局局务会议审议通过了《化妆品标识管理规定》，本规定所称的化妆品是指以涂抹、喷、洒或者其他类似方法，施于人体［皮肤、毛发、指（趾）甲、口唇齿等］，以达到清洁、保养、美化、修饰和改变外观，或者修正人体气味，保持良好状态为目的的产品。《化妆品标识管理规定》自2008年9月1日起施行。

6.1 化妆品的分类

目前我国和国际上对化妆品尚未统一分类方法。通用的分类方法是以产品的使用目的和使用部位为基准进行分类。

6.1.1 按化妆品的功用分类

6.1.1.1 清洁类化妆品

清洁类化妆品是指起到清洁、卫生作用或消除不良气味的化妆品，如洗面奶、清洁面膜、磨砂膏、清洁霜、清洁皂、卸妆水（乳液、油、液）、沐浴液（露、膏）、沐浴凝胶、沐浴盐、香皂、香波、洗发液（水）、洗发膏、剃须膏、牙膏、漱口水等。

6.1.1.2 护理类化妆品

护理类化妆品是指起到保护、保养作用的化妆品，如各种化妆水、爽肤水、养护面膜、乳（蜜）、冷霜、雪花膏、护发素（精油）、发乳、发油、焗油膏、护甲水、指甲硬化剂、润唇膏、眼霜、眼用面膜等。

6.1.1.3 营养类化妆品

营养类化妆品是指给皮肤和毛发等部位补充水分与养分，保持皮肤角质层含水量，促进血液循环，清除过剩的氧自由基，延缓皮肤、毛发老化的化妆品，如添加了维生素、人参、珍珠粉、芦荟、超氧化物歧化酶（SOD）、水解蛋白、中药、透明质酸等生物活性成分的霜、乳液、露、膏、面膜等。

6.1.1.4 美容类化妆品

美容类化妆品是指起到美化和修饰皮肤、毛发、指（趾）甲等部位，增加人体魅力作用的化妆品，如粉底液、粉底霜、粉底膏、散粉和粉饼、香粉、遮盖（瑕）霜、BB霜、CC霜、腮红（又称胭脂）、香水、口红（又称唇彩）、唇膏、唇线笔、眼影、眼线笔、睫毛膏、眉笔、指甲油、定型摩丝、发胶等。

6.1.1.5 特殊用途化妆品

特殊用途化妆品也称功能性化妆品，是通过某些特殊功能起到美化、修饰等作用的化妆品。中华人民共和国国务院令第727号《化妆品监督管理条例》第十六条规定："用于染发、烫发、祛斑美白、防晒、防脱发的化妆品以及宣称新功效的化妆品为特殊化妆品。特殊化妆品以外的化妆品为普通化妆品。"第七十八条规定："对本条例施行前已经注册的用于育发、脱毛、美乳、健美、除臭的化妆品自本条例施行之日起设置5年的过渡期，过渡期内可以继续生产、进口、销售，过渡期满后不得生产、进口、销售该化妆品。"第八十条规定："本条例自2021年1月1日起施行。《化妆品卫生监督条例》同时废止。"也就是说，自2021年1月1日起，《化妆品卫生监督条例》规定的育发、脱毛、美乳、健美、除臭类特殊用途化妆品不再按照特殊化妆品管理，如各种防晒霜、防晒膏、防晒乳液、防晒油、防晒凝胶、防晒摩丝、祛斑美白化妆品、抗皱美白化妆品、染发膏（液）、护染膏、彩发膏、黑发霜、烫发剂等。

6.1.2 按化妆品的使用部位分类

化妆品最常见的分类方法是按人体使用部位分类，分为皮肤用化妆品，毛发用化妆品，口腔用化妆品，唇、眼用化妆品，指（趾）甲用化妆品，具体细分见表6-1。

表6-1 按人体使用部位进行的化妆品分类

分类	细分类	实例
皮肤用化妆品	洁肤用化妆品	香皂、洗面奶、清洁霜膏、泡沫清洁剂、洁面乳液、清洁面膜、磨面膏、沐浴剂、卸妆油等
	护肤用化妆品	护肤水、护肤膏霜[雪花膏类、香脂类（又名冷霜）、润肤霜类]、护肤乳液、护肤凝胶等
	营养皮肤用化妆品	营养霜膏和乳液、精华液
	美肤用化妆品	粉底类、香粉类、胭脂类、皮肤用香水
	抗衰老化妆品	保湿类、清除自由基类、细胞修复类、吸收紫外线类
毛发用化妆品	洁发用化妆品	洗发水（膏）、香波（Shampoo）、二合一香波等
	护发用化妆品	发蜡、发乳、护发素、焗油膏、养发液等
	整发用化妆品	喷雾发胶、发用摩丝、发用凝胶等
	美发用化妆品	烫发剂、染发剂、定型剂、毛发用香水等
	剃须用化妆品	剃须露、剃须膏、剃须水等

续表

分类	细分类	实例
口腔用化妆品	洁齿型（即普通型）化妆品	按配方结构可分为碳酸钙型牙膏、磷酸钙型牙膏、氢氧化铝型牙膏、二氧化硅型牙膏
	疗效型（即加药型）化妆品	按其功能分为防龋齿牙膏、脱敏镇痛牙膏、消炎止血牙膏、抗结石牙膏、除烟渍牙膏、保健养生牙膏等
	爽口液化妆品	美化类爽口液、杀菌用爽口液、收敛用爽口液、缓冲用爽口液、除臭用爽口液、治疗用爽口液等
唇、眼用化妆品	唇部用化妆品	防裂唇膏、彩色唇膏、唇线笔
	眼部用化妆品	眼影、睫毛膏和睫毛油、眼线液和眼线笔、眉笔
指（趾）甲用化妆品	修护用化妆品	去皮剂、柔软剂、抛光剂等
	上色用化妆品	指甲油、指甲白等
	卸除用化妆品	洗甲水等

6.1.3 按化妆品的形态（剂型）分类

化妆品按形态（剂型）分类可分为以下11种，见表6-2。

表6-2 化妆品按形态（剂型）分类及举例

形态(剂型)种类			举例
液态类	透明液态	水溶性	透明香波、化妆水、冷烫液等
		醇溶性	香水、花露水、祛臭水、营养头水、啫喱水等
		油溶性	发油、防晒油、护唇油、浴油、按摩油等
	多相液态	油-水混合液	双层化妆水等
		油-醇混合液	免洗护发水等
		粉-水混合液	湿粉、炉甘石花露水等
乳化体类	O/W型(水包油型)		雪花膏、剃须膏、营养霜、粉底霜、乳化香波等
	W/O型(油包水型)		冷霜、清洁霜、发乳膏等
粉类			香粉、爽身粉、痱子粉、扑面粉、粉状香波、面膜(粉)、粉状染发剂等
固体粉末状			眼影块、胭脂、粉饼等
棒状			口红、唇膏、防裂膏、眼影膏等
笔状			眉笔、眼线笔、唇线笔等
纸状			香水纸、香粉纸、香皂纸、防晒纸巾等
气雾状			喷发胶、定型摩丝、剃须泡沫、喷雾香水、暂时性染发剂等
凝胶状			发用定型啫喱、护肤啫喱、啫喱面膜、防晒凝胶、沐浴凝胶等
薄膜状			胶朊成型面膜、湿布面膜等
胶囊状			精华素胶囊等

6.1.4 按国家标准化妆品分类

2017年11月1日，由中华人民共和国国家质量监督检验检疫总局和中国国家标准化管理委员会共同发布GB/T 18670—2017《化妆品分类》标准。本标准规定了化妆品分类原则和化妆品类别。按照化妆品的功能分类原则，化妆品可分为清洁类化妆品、护理类化妆品及美容/修饰类化妆品。按照化妆品的使用部位分类原则，化妆品可分为皮肤用化妆品、毛发用化妆品、指（趾）甲用化妆品和口唇用化妆品。常用化妆品分类举例见表 6-3。

表 6-3 常用化妆品分类（GB/T 18670—2017）

部位	功能		
	清洁类化妆品	护理类化妆品	美容/修饰类化妆品
皮肤	洗面奶（膏）、卸妆油（液、乳）、卸妆露、清洁霜（蜜）、面膜、浴液、洗手液、洁肤啫喱、花露水、洁颜粉、洁面粉	护肤膏（霜）、护肤乳液、化妆水、面膜、护肤啫喱、润肤油、按摩精油、按摩基础油、花露水、痱子粉、爽身粉	粉饼、胭脂、眼影（膏）、眼线笔（液）、眉笔（粉）、香水、古龙水、香粉（蜜粉）、遮瑕棒（膏）、粉底液（霜）、粉条、粉棒、腮红、粉霜
毛发	洗发液、洗发露、洗发膏、剃须膏	护发素、发乳、发油/发蜡、焗油膏、发膜、睫毛基底液、护发喷雾	定型摩丝/发胶、染发剂、烫发剂、睫毛液（膏）、生（育）发剂、脱毛剂、发蜡、发用啫喱水、发用漂浅剂、定型啫喱膏
指（趾）甲	洗甲液	护甲水（霜）、指甲硬化剂、指甲护理油	指甲油、水性指甲油
口唇	唇部卸妆液	润唇膏、润唇啫喱、护唇液（油）	唇膏、唇彩、唇线笔、唇油、唇釉、染唇液

注：本附录产品名称只是举例，难以穷尽目前市场上所有产品。

6.1.5 化妆品的其他分类法

① 按使用性别分类，分为男用化妆品和女用化妆品，如市场上的“高夫”“伯龙”等男用系列化妆品。

② 按适用年龄或阶段分类，分为婴儿用化妆品、少年用化妆品、青年用化妆品、中老年用化妆品、孕妇用化妆品等，如市场上的“郁美净”“宝贝”“强生”等婴幼儿系列化妆品。

③ 按所添加成分分类，如“SOD”系列、“芦荟”系列、“果酸”系列、“珍珠”系列、“蜂蜜”系列等。

6.2 化妆品的原料

化妆品是一种由各类原料经过合理配方加工而成的复合物。化妆品原料根据其用途与性能来划分，大致上可分为基质原料和配合（辅助）原料。

6.2.1 化妆品的基质原料

基质原料是化妆品的主要成分，体现化妆品的性质、功能和用途。

6.2.1.1 油性原料

油性原料是化妆品的主要基质原料，一般分为油脂、蜡类、高级脂肪酸、高级脂肪醇和酯类。油脂是高级脂肪酸的甘油酯，广泛存在于天然动植物界，其结构式主要见图 6-1。

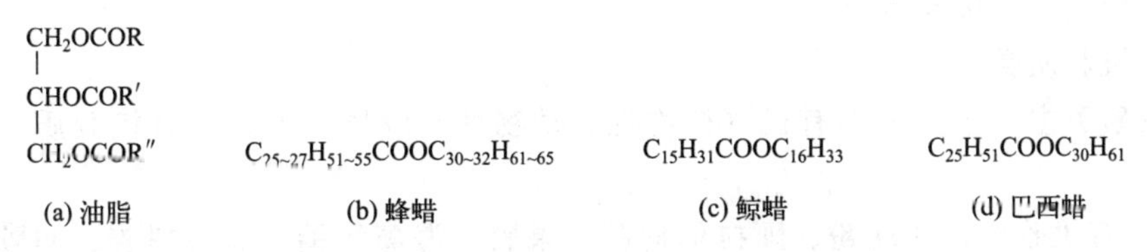

图 6-1 油脂和蜡的结构式

蜡类是 16 个碳以上的偶数碳原子的羧酸与高级一元醇形成的酯类，其中还含有游离脂肪酸、游离醇、烃类、树脂等。蜡多为固体，重要的有如图 6-1 所示的蜂蜡、鲸蜡和巴西蜡。油脂、蜡类是组成膏霜类、乳液类护肤（发）品、唇膏等的基质原料，通常以常温时原料的物理形态区别其称谓。常温下呈流态的油性物质称为油，呈半固态的脂肪物质称为脂，呈固态的软性油料称为蜡。在化妆品中，油性原料主要起护肤、柔滑、滋润、固化赋形等作用。油性原料的来源及实例见表 6-4。

表 6-4 油性原料的来源及实例

来源类别	实例
植物油	橄榄油、椰子油、蓖麻油、花生油、棉籽油、杏仁油、杏核油、棕榈油、棕榈仁油、大豆油、小麦胚芽油、玉米油、芝麻油、扁桃油、鳄梨油等
植物油脂	可可脂、婆罗脂、雾冰藜脂等
植物蜡	巴西棕榈蜡、小烛树蜡
动物油	水貂油、羊毛脂油、蛇油、鲨鱼肝油、卵黄油、海龟油
动物脂	牛脂、猪脂、羊脂
动物蜡	鲸蜡、蜂蜡、虫蜡、羊毛蜡
矿物油脂和蜡	液体石蜡(又称矿油或白油)、石蜡、微晶石蜡、凡士林
合成(半合成)油脂和蜡	角鲨烷、羊毛脂衍生物、硅油及其衍生物

6.2.1.2 粉质原料

粉质原料一般分为无机粉质原料、有机粉质原料以及其他粉质原料。

① 无机粉质原料，如滑石粉、高岭土、黏土、膨润土、碳酸钙、氧化锌（又称锌白粉)、钛白粉。

② 有机粉质原料，如硬脂酸锌、硬脂酸镁、聚乙烯粉、纤维素微珠、聚苯乙烯粉。

6.2.1.3 溶剂原料

溶剂是香脂、雪花膏、牙膏、洗发香波、香水、花露水、指甲油等膏状、浆液状或液状化妆品配方中不可缺少的主要成分。

常用的溶剂有水、醇类、酮、醚、酯类及芳香族有机化合物等。醇类常用的物质有乙醇、异丙醇、正丁醇、戊醇等，这些是低碳醇；常用的多元醇有乙二醇、聚乙二醇、丙二醇、甘油、山梨糖醇等。小分子的酮如丙酮、丁酮；小分子的醚如二乙二醇乙醚；小分子的酯类如乙酸乙酯、乙酸丁酯、乙酸戊酯等；芳香族有机化合物如甲苯、二甲苯等通常用作指甲油的溶剂组分，但一般存在毒性或刺激性。

6.2.1.4 胶质原料

胶质原料主要是水溶性高分子化合物，在水中能溶解或膨胀成溶液或凝胶状分散体系，分为有机胶质类和无机胶质类。

（1）有机胶质类

有机胶质类主要包括天然有机（植物性、动物性）胶质、半合成有机胶质、合成有机胶质。

① 天然有机胶质，如淀粉、阿拉伯树胶、果胶、海藻酸钠、黄蓍树胶、明胶、甲壳素及其衍生物。

② 半合成有机胶质，如甲基纤维素（MC）、羧甲基纤维素（CMC）、羟乙基纤维素（HEC）、羟丙基纤维素（HPC）等。

③ 合成有机胶质，如聚乙烯醇（PVA）、聚乙烯吡咯烷酮（PVP）及其衍生物、聚环氧乙烷、丙烯酸聚合物。

（2）无机胶质类

无机水溶性高分子化合物主要包括膨润土和胶性硅酸镁铝。

6.2.2 化妆品的辅助原料

化妆品的辅助原料是指为化妆品提供某些特定性能而加入的除基质原料以外的所有原料，如香料、颜料、防腐剂、抗氧剂、表面活性剂、保湿剂等，也包括各类功能性添加剂。

6.2.2.1 表面活性剂

表面活性剂是化妆品重要的辅助原料，辅助不等于不重要，相反它在新型多功能、多组分的化妆品的生产和制备中起着重要的作用。应用于化妆品的表面活性剂主要起乳化、分散、润湿、渗透、起泡、消泡、增溶等作用。化妆品用表面活性剂根据其来源和性质，可以分为天然表面活性剂和合成表面活性剂两大类。

（1）天然表面活性剂

天然表面活性剂是指具有表面活性的天然物或其衍生物。天然表面活性剂有卵磷脂、皂角苷、烷基苷、氨基酸类、蔗糖脂类、生物表面活性剂等。天然表面活性剂的衍生物有烷基磷酸酯、氨基酸系、甲基糖苷的脂肪酸酯衍生物以及蔗糖脂、烷基糖苷、聚甘油酸酯等。

（2）合成表面活性剂

“合成表面活性剂”一词由全国科学技术名词审定委员会审定，于1994年发布，与天然表面活性剂相对应。根据在水中的离解性质，可将合成表面活性剂分为阴离子表面活性剂、阳离子表面活性剂、非离子表面活性剂和两性离子表面活性剂。在化妆品中，表面活性剂应用最多的为阴离子型和非离子型两类，阳离子型的应用较少。

高级脂肪酸盐、脂肪醇硫酸钠（AS）、脂肪醇聚氧乙烯醚硫酸盐（AES）、直链烷基苯磺酸钠（LAS）都属于阴离子表面活性剂。高级脂肪酸盐，其通式为RCOOM，R一般为$C_8 \sim C_{18}$，M为金属离子Na^+、K^+及$N(CH_2CH_2OH)_3$等。脂肪醇硫酸盐通式为$ROSO_3M$，其中R一般为$C_{12} \sim C_{18}$，M为Na^+、K^+、$NH_4{}^+$及$N(CH_2CH_2OH)_3$和$NH(CH_2CH_2OH)_2$。脂肪醇聚氧乙烯醚硫酸盐，其通式为$R(CH_2CH_2O)_nOSO_3M$，R为$C_{12} \sim C_{14}$。直链烷基苯磺酸钠属于烷基苯磺酸钠（ABS）类型的品种。ABS的通式为$RC_6H_4SO_3M$，其中R为$C_{12} \sim C_{13}$，M多为Na。

阳离子表面活性剂有烷基胺盐、季铵盐、烷基杂环类（如咪唑啉盐）。烷基胺盐其结构式为RNH_3X、RR^1NH_2X、RR^1R^2NHX、CH_2COOH，其中R可以是$C_{10} \sim C_{18}$，R^1、

R^2 可以是—CH_3、—CH_2CH_3、—CH_2CH_2OH 等，X 为无机酸根离子或有机酸如—CH_2COOH、—COOH。

两性离子表面活性剂主要有氨基酸型、甜菜碱型、咪唑啉型、磷酸酯型。甜菜碱型（$R_3N^+CH_2X$）包括羧酸型（X ═COO^-）、硫酸酯型（X ═$CH_2SO_4^-$）、磺酸型（X ═$CH_2SO_3^-$）和磷酸酯型［X ═CH(OH)$CH_2PO_4H^-$］。三个R取代基可以不同，可为烷基、芳基或其他有机基团，通常由一个长链和两个短链构成，短链可以是二甲基、二羟乙基等。氨基丙酸型［$RN^+H_2CH_2CH_2COO^-$、$RN^+H(CH_2CH_2COOH)CH_2CH_2COO^-$］是一类常用的两性表面活性剂，如 *N*-十二烷基-*β*-氨基丙酸。

非离子表面活性剂主要有：聚氧乙烯型、多元醇型、烷基醇酰胺、聚醚型等。如脂肪醇聚氧乙烯醚（AEO），是由脂肪醇与环氧乙烷反应制成具有各种亲水性的一系列非离子表面活性剂，通式为 $RO(CH_2CH_2O)_nH$，其中 R 可为 C_8～C_{18}；烷基酚聚氧乙烯醚（APE），通式为 $RC_6H_4O(CH_2CH_2O)_nH$。

6.2.2.2 香料和香精

（1）香料

一般来讲，凡能被嗅觉或味觉感觉出芳香气息或芳香味道的物质都属于香料。在香料工业中，香料通常特指用以配制香精的各种中间产品。

① 天然动物性香料，如龙涎香、麝香、灵猫香、海狸香。

② 天然植物性香料，如玫瑰、薰衣草、茉莉、紫罗兰、橙花、水仙、丁香、衣兰、合欢、香石竹、桉叶、香茅叶、月桂叶、香叶、冬青叶、枫叶、柠檬叶、香紫苏、檀香木、玫瑰木、柏木、香樟木、桂皮、肉桂、柠檬皮、柑橘皮、佛手皮、茴香、肉豆蔻、安息香香树脂、吐鲁香膏、薄荷、留兰香、百里香等。

③ 单离香料，如从香茅油中分离出的具有玫瑰花香的萜烯醇——香叶醇，从薄荷油中得到的薄荷脑等。

④ 半合成香料，即从各种天然精油出发进行结构修饰而得的香料，也就是说半合成香料的结构有一部分与天然香料的结构相同。

⑤ 合成香料，即从石油化工及煤化工基本原料出发，通过多步合成而制成的香料。按照分子结构的不同，可将合成香料划分为无环脂肪族香料，无环萜类香料，环萜类香料，非萜脂环族香料，芳香族香料，酚及其衍生物香料，含氧杂环香料，含 N、S 杂环香料。每类合成香料中又可根据官能团的情况，划分为饱和烃、不饱和烃、醇、醛、酮、醚、酸、酯、内酯等。

（2）香精

香精是一种混合物，是由人工用两种及以上甚至几十种香料调配出来的具有特定香气的物质。

香精有不同的分类方法，按形态分类，可分为水溶性香精、油溶性香精、乳化香精、粉末香精等。

水溶性香精，常用 40%～60%（质量分数）的乙醇水溶液作为溶剂，广泛用于汽水、冰淇淋、果汁、果冻等饮料及烟酒制品中，在香水等化妆品中也有应用。

油溶性香精常用两类溶剂：一类是天然油脂，如花生油、菜籽油、芝麻油、橄榄油和茶油等；另一类是有机溶剂，如苯甲醇、甘油三乙酸酯等。以有机溶剂配制的油溶性香精，一般用于化妆品中，如膏霜、发脂、发油等中。

乳化香精是大量的蒸馏水中添加少量香料，并加入表面活性剂和稳定剂，经加工制成乳液而得。乳化香精主要应用于食品中，在发乳、发膏、粉蜜等化妆品中也经常使用。

粉末香精中一类是由固体香料磨碎混合制成的粉末香精；另一类是粉末状液体吸收调和香料制成的粉末香精和赋形剂包覆香料而形成的微胶囊状粉末香精。这类香精广泛应用于香粉、香袋中。

按香型分类，香精可分为花香型香精、非花香型香精、果香型香精、酒用型香精、烟用香型香精、食用香型香精、幻想型香精。具体描述见表 6-5。

表 6-5 不同香型的香精

香精香型	特点(或用途)	应用举例
花香型香精	以模仿天然花香为特点的香精	玫瑰香、茉莉香、铃兰香、郁金香香、紫罗兰香、薰衣草香
非花香型香精	以模仿非花香的天然物质为特点的香精	檀香、松香、麝香、皮革香、蜜香、薄荷香
果香型香精	以模仿各种果实的气味为特点的香精	橘子香、柠檬香、香蕉香、苹果香、梨香、草莓香
酒用型香精	主要用于酒类产品中的香精	柑橘酒香、杜松酒香、老姆酒香、白兰地酒香、威士忌酒香
烟用香型香精	主要用于烟草类产品中的香精	蜜香、薄荷香、可可香、马尼拉香型、哈瓦那香型、山茶花香型
食用香型香精	主要用于食品中的香精	咖啡香、可可香、巧克力香、奶油香、奶酪香、杏仁香、胡桃香、坚果香、肉味香
幻想型香精	由调香师根据丰富的经验和美妙的幻想，巧妙地调和各种香料，尤其是使用人工合成香料而创造的新香型	幻想型香精大多用于化妆品，往往冠以优雅抒情的名称，如素心兰、水仙、古龙、巴黎之夜、圣诞之夜

6.2.2.3 颜料和色素

颜料和色素分为有机合成色素（包括染料、色淀、颜料）、无机颜料和天然色素。

有机合成色素主要是指染料。染料分为水溶性染料和油溶性染料两种。按生色基团分为偶氮系染料（水溶性偶氮系染料用于化妆水、乳液、香波等的着色；油溶性偶氮系染料用于乳膏、头油等油溶性化妆品的着色）、呫吨系染料（用于口红、香水、香料等的着色）、三苯甲烷系染料（用于化妆水和香波等的着色）、靛蓝系染料、亚硝基系染料等。

天然色素，如胭脂虫红（主要用作口红、眼影制品、乳液和化妆水的着色剂）、红花苷、胡萝卜素（用于各类乳液和膏霜类产品中）、姜黄、靛蓝（不用于眼部化妆品中）、叶绿素（在化妆品中用于油溶性或水溶性的膏霜、乳液和醇制品等的着色）、水溶性的藻胆蛋白和脂质可溶的类胡萝卜素等。

无机颜料包括：①铁的氧化物，如氧化铁（Fe_2O_3），又称氧化铁红；氧化铁黄（$Fe_2O_3 \cdot H_2O$）；四氧化三铁（Fe_3O_4），又称氧化铁黑；氧化铁棕［$(FeO)_x \cdot (Fe_2O_3)_y$］。②其他金属化合物，如二氧化钛（$TiO_2$）、氧化锌（ZnO）、群青蓝（硫代硅铝酸钠的复合物，$Na_6Al_6Si_6O_{24}S_4$）、锰紫（$NH_4MnP_2O_7$）、亚铁氰化铁铵［$FeNH_4Fe(CN)_6$］、炭黑（为黑色颜料）以及氧化铬绿（Cr_2O_3）等。

珠光颜料由较高折射率的物质所构成，是面部、唇、眼和指甲用美容化妆品最重要的着色剂。用于化妆品中的珠光颜料有鱼鳞片、氯氧化铋（BiOCl）、覆盖云母等。

6.2.2.4 防腐剂

为保证化妆品在生产、使用和保存过程中安全有效，须在化妆品中添加一种或多种防腐剂，防止化妆品腐败变质。

国家食品药品监督管理总局于 2015 年 12 月 23 日发布了经化妆品标准专家委员会全体会议审议通过的《化妆品安全技术规范》(2015 年版)，该规范是对《化妆品卫生规范》(2007 年版）的修订，《化妆品卫生规范》(2007 年版）中有 56 种防腐剂可用于化妆品，修订后准用防腐剂共 51 项，其中修订 14 项，删除 5 项。《化妆品安全技术规范》(2015 年版)中规定的 51 项化妆品准用防腐剂见表 6-6。

表 6-6 《化妆品安全技术规范》(2015 年版）化妆品准用防腐剂表①

序号	物质名称	序号	物质名称	序号	物质名称
1	2-溴-2-硝基丙烷-1,3 二醇	18	二甲基噁唑烷	35	苯氧异丙醇②
2	5-溴-5-硝基-1,3-二噁烷	19	二氯苯甲醇	36	对氯间甲酚
3	7-乙基双环噁唑烷	20	甲醛苄醇半缩醛	37	苯氧乙醇
4	烷基(C_{12}～C_{22})三甲基铵溴化物或氯化物(4)	21	双(羟甲基)咪唑烷基脲	38	4-羟基苯甲酸及其盐类和酯类③
5	苯扎氯铵,苯扎溴铵,苯扎糖精铵②	22	碘丙炔醇丁基氨甲酸酯	39	吡罗克酮和吡罗克酮乙醇胺盐
6	苄索氯铵	23	甲醛和多聚甲醛②	40	聚氨丙基双胍
7	苯甲酸及其盐类和酯类②	24	甲酸及其钠盐	41	丙酸及其盐类
8	苯甲醇②	25	戊二醛	42	水杨酸及其盐类②
9	二溴己脒及其盐类,包括二溴己脒羟乙磺酸盐	26	无机亚硫酸盐类和亚硫酸氢盐类②	43	苯汞的盐类,包括硼酸苯汞
10	溴氯芬	27	海克替啶	44	山梨酸及其盐类
11	氯己定及其二葡萄糖酸盐、二醋酸盐和二盐酸盐	28	咪唑烷基脲	45	羟甲基甘氨酸钠
12	甲基氯异噻唑啉酮和甲基异噻唑啉酮与氯化镁及硝酸镁的混合物(甲基氯异噻唑啉酮：甲基异噻唑啉酮为 3：1)	29	己脒定及其盐,包括己脒定二羟乙基磺酸盐和己脒定对羟基苯甲酸盐	46	沉积在二氧化钛上的氯化银
13	苄氯酚	30	DMDM 乙内酰脲	47	硫柳汞
14	氯二甲酚	31	甲基异噻唑啉酮	48	三氯卡班
15	氯苯甘醚	32	三氯叔丁醇	49	三氯生
16	氯咪巴唑	33	邻伞花烃-5-醇	50	十一烯酸及其盐类
17	脱氢乙酸及其盐类	34	邻苯基苯酚及其盐类	51	吡硫鎓锌②

① a. 表中所列防腐剂均为加入化妆品中以抑制微生物在该化妆品中生长为目的的物质。

b. 化妆品中其他具有抗微生物作用的物质，如某些醇类和精油（essential oil)，不包括在本表之列。

c. 表中“盐类”系指该物质与阳离子钠、钾、钙、镁、铵和醇胺形成的盐类；或指该物质与阴离子所成的氯化物、溴化物、硫酸盐和醋酸盐等盐类。表中“酯类”系指甲基、乙基、丙基、异丙基、丁基、异丁基和苯基酯。

d. 所有含甲醛或本表中所列含可释放甲醛物质的化妆品，当成品中甲醛浓度超过 0.05%（以游离甲醛计）时，都必须在产品标签上标印“含甲醛”，且禁用于喷雾产品。

② 这些物质在化妆品中作为其他用途使用时，必须符合本表中规定（本规范中有其他相关规定的除外）。这些物质不作为防腐剂使用时，具体要求见限用组分表。无机亚硫酸盐和亚硫酸氢盐是指亚硫酸钠、亚硫酸钾、亚硫酸铵、亚硫酸氢钠、亚硫酸氢钾、亚硫酸氢铵、焦亚硫酸钠、焦亚硫酸钾等。

③ 这类物质不包括 4-羟基苯甲酸异丙酯（isopropylparaben）及其盐、4-羟基苯甲酸异丁酯（isobutylparaben）及其盐、4-羟基苯甲酸苯酯（phenylparaben)、4-羟基苯甲酸苄酯及其盐、4-羟基苯甲酸戊酯及其盐。

化妆品中需加防腐剂时，应通过抑菌试验确定选用何种防腐剂以及是否需要添加防腐剂。有些化妆品，如卷发液、染发剂、收敛剂、爽身粉、香水、化妆水等，因产品本身不具备生物生长的条件，且配方中没有水分，不需或较少使用防腐剂；pH 值高于 10 或低于 2.5 的产品，乙醇含量超过 40%的产品，甘油、山梨醇和丙二醛等在水相的含量高于 50%及含有高浓度香精的产品均不属于添加防腐剂的范围。

6.2.2.5 抗氧剂

化妆品中多含有动植物油脂、矿物油，这些组分在空气中能自动氧化，从而降低化妆品的质量，甚至产生有害于人体健康的物质，因而，须加抗氧剂以防止化妆品氧化。

抗氧剂包括叔丁基羟基苯甲醚（BHA）、2,6-二叔丁基对甲酚（BHT）、没食子酸酯（又称五倍子酸丙酯）、生育酚等。

6.2.2.6 保湿剂

以补充皮肤水分、防止干燥为目的的高吸湿性物质，称为保湿剂。

（1）多元醇类

甘油在化妆品中是 O/W 型乳化体系不可缺少的保湿性原料，也是化妆水的重要原料，还可以作为含粉膏体的保湿剂，对皮肤具有柔软和润滑的作用。此外，甘油还广泛用于牙膏、粉末制品和亲水性油膏中。丙二醇在化妆品中应用较广泛，可作为各种乳化制品和液体制品的润湿剂与保湿剂，与甘油、山梨醇复配可作为牙膏的柔软剂和保湿剂，在染发制品中用作调湿剂、匀染剂和防冻剂。1,3-丁二醇可广泛用于化妆水、膏霜、乳液和牙膏中作为保湿剂。山梨糖醇既可作为非离子表面活性剂的原料，也可用于牙膏、化妆品中作为膏霜类制品的优良保湿剂。聚乙二醇由于具有水溶性、生理惰性、温和性、润滑性和对皮肤的润湿、柔软性等优异的性能而在化妆品和制药工业中广泛应用。

（2）乳酸和乳酸钠

在化妆品中，乳酸和乳酸钠主要用作调理剂与皮肤或毛发的柔润剂，调节 pH 值的酸化剂，用于护肤的膏霜和乳液、护发的香波和护发素等护发制品中，也可用于剃须制品和洗涤剂中。

（3）2-吡咯烷酮羧酸钠（简写为 PCA-Na）

PCA-Na 主要用作保湿剂和调理剂，用于化妆水、收缩水、膏霜、乳液中，也用于牙膏和香波中。

（4）透明质酸

透明质酸属天然生化保湿剂，有优异的保湿性能、高的黏弹性和高的渗透性，安全无毒，对人体皮肤无任何刺激性，是目前化妆品中性能优异的保湿剂品种。在化妆品中可提供对皮肤的滋润作用，使皮肤富有弹性和光滑性，延缓皮肤衰老。

（5）水解胶原蛋白

水解胶原蛋白（又称胶朊）的作用主要体现在保湿性、亲和性、祛斑美白、延缓衰老等方面，广泛应用于化妆品和医药美容品中。

(6) 其他类保湿剂

其他类保湿剂有甲壳质及其衍生物、葡萄糖酯类保湿剂以及芦荟、藻类等植物保湿剂。

6.2.2.7 防晒剂

防晒剂是一类通过反射或吸收作用以防止紫外线伤害皮肤而添加在化妆品中的物质。按防护作用机理，防晒剂可分为物理紫外线屏蔽剂、化学紫外线吸收剂，还有天然的防护紫外线的防晒剂。

(1) 物理紫外线屏蔽剂

物理紫外线屏蔽剂俗称物理防晒剂，通过反射及散射紫外线从而对皮肤起保护作用，主要为无机粒子，其典型代表为二氧化钛（TiO_2）、氧化锌（ZnO）粒子。

(2) 化学紫外线吸收剂

化学紫外线吸收剂俗称化学防晒剂，大都是具有共轭体系的化合物。

国家食品药品监督管理总局于 2015 年 12 月 23 日发布了经化妆品标准专家委员会全体会议审议通过的《化妆品安全技术规范》(2015 年版) 中指出，准用防晒剂共 27 项，见表 6-7。

表 6-7 《化妆品安全技术规范》(2015 年版) 化妆品准用防晒剂表①

序号	物质名称	序号	物质名称	序号	物质名称
1	3-亚苄基樟脑	10	4-甲基苄亚基樟脑	19	二苯酮-3
2	双-乙基己氧苯酚甲氧苯基三嗪	11	二乙氨羟苯甲酰基苯甲酸己酯	20	甲氧基肉桂酸乙基己酯
3	二甲基 PABA 乙基己酯	12	乙基己基三嗪酮	21	水杨酸乙基己酯
4	苯基苯并咪唑磺酸及其钾、钠和三乙醇胺盐	13	二乙基己基丁酰胺基三嗪酮	22	苯基二苯并咪唑四磺酸酯二钠
5	对苯二亚甲基二樟脑磺酸及其盐类	14	丁基甲氧基二苯甲酰基甲烷	23	对甲氧基肉桂酸异戊酯
6	聚丙烯酰胺甲基亚苄基樟脑	15	亚甲基双-苯并三唑基四甲基丁基酚	24	PEG-25 对氨基苯甲酸
7	樟脑苯扎铵甲基硫酸盐	16	二苯酮-4,二苯酮-5	25	胡莫柳酯
8	奥克立林	17	亚苄基樟脑磺酸及其盐类	26	二氧化钛②
9	甲酚曲唑三硅氧烷	18	聚硅氧烷-15	27	氧化锌②

① 在本规范中，防晒剂是利用光的吸收、反射或散射作用，以保护皮肤免受特定紫外线所带来的伤害或保护产品本身而在化妆品中加入的物质。这些防晒剂可在本规范规定的限量和使用条件下加入其他化妆品产品中。仅仅为了保护产品免受紫外线损害而加入非防晒类化妆品中的其他防晒剂可不受此表限制，但其使用量须经安全性评估证明是安全的。

② 这些防晒剂作为着色剂时，具体要求见着色剂表。防晒类化妆品中该物质的总使用量不应超过 25%。

(3) 天然防晒剂

天然防晒剂主要是从天然植物中提取得到的具有紫外线屏蔽或吸收作用的物质。许多天然动植物（成分）具有吸收紫外线的作用，槐米的有效成分芦丁是目前公认的一种较理想的天然广谱防晒剂，其他如海藻、甲壳素、沙棘、黄芩、甘草、紫草、桂皮、银杏、鼠李、苦丁茶等及人体毛发水解产物等都具有较好的紫外线吸收性能。此外，许多植物提取物虽然对紫外线没有直接的吸收或屏蔽作用，但加入产品中后可通过抗氧化或抗自由基作用来减轻紫外线对皮肤造成的辐射损伤，从而间接加强产品的防晒性能，如芦荟、葡萄籽提取物、燕麦提取物和富含维生素 E、维生素 C 的植物萃取液等。

6.2.2.8 其他添加剂

① 营养剂。营养剂分为植物型和动物型，植物型如人参、灵芝、芦荟、当归、花粉、绞股蓝、沙棘、黄瓜、月见草等，动物型如胎盘提取液、蜂王浆、水解丝蛋白、鹿茸、紫胶等。

② 天然产物提取物，如藻类、矿物质、果酸及其衍生物、熊果苷等。

③ 生化型，如维生素、胶原蛋白及多肽类、酶、甲壳素、表皮生长因子、核酸等。

6.3 化妆品的存放和使用注意事项

妥善保管化妆品是有效地使用化妆品的保证。一般来说，化妆品若是在原封包装状态下，保质期约为2～4年，不同种类的化妆品保质期略有差别。但在开封后，由于受到光线、皮肤油脂、灰尘等的污染，化妆品的保存期就会大幅度地缩短。例如指甲油、睫毛膏等高消耗品，一般在开封后6个月内就会变质。因此暂时不用的物品，都应放在抽屉内。尤其是现今美白新贵护肤品的维生素C等成分，很容易氧化或受温度影响，更是要在购买开封后短时间内使用完。化妆品在使用和储存过程中应注意以下“一避四防”。

① 避免细菌入侵，防止化妆品被污染。要避免细菌入侵，使用产品前要洗手，用后要旋紧瓶盖，防止在使用过程中细菌繁殖使化妆品氧化或含菌量升高。使用中的化妆品，使用时用消毒化妆棒、小勺等挑出，不要直接将手指伸入瓶中取用，更不要在化妆品中掺水，否则防腐剂会被稀释，加速变质。

② 防晒、防热、防冻和防潮。强烈的紫外线有一定的穿透力，容易使油脂和香料产生氧化现象，破坏色素，所以，化妆品应避免日光直射。高温及空气会破坏化妆品中的化学物质，存放化妆品的储存环境应阴凉干燥、温度在20～25℃。温度过高会使化妆品的乳化体遭到破坏，造成脂水分离，粉膏类化妆品干缩，使化妆品变质失效。温度过低会使化妆品中的水分结冰，乳化体遭到破坏，融化后质感变粗变散，失去化妆品原有的效用，对皮肤产生刺激。潮湿的环境是微生物繁殖的温床，过于潮湿的环境使含有蛋白质、脂质的化妆品中的细菌加快繁殖，发生变质。

下面介绍一些化妆品在使用过程中的小妙招给大家。

① 关于存放地。为了方便使用，很多女性习惯把化妆品放在卫生间内，这种时候切记要尽量保持环境的通风和干燥，取用化妆品前要洗净双手，特别注意的是擦手毛巾也应保持卫生洁净。

② 关于内盖。很多女性在第一次打开化妆品盖时，就觉得内盖多余，从而丢弃化妆品外盖内的保护盖，其实内盖可以防止空气进入、减少活性成分的流失。

③ 关于用量。使用时如果取多了，多余部分不应放回瓶中，以免污染。

④ 关于空气。大瓶的化妆水等液体产品可以倒入干净的小喷雾瓶（50mL左右）内，直接喷洒到使用部位，这样可以使化妆品减少接触空气的机会。

⑤ 关于季节。润肤产品的季节性较强，最好估算一段时间内的使用量，尽量避免购买大包装产品。例如大包装润肤膏霜，春季只使用了一小部分，夏季很少使用，大部分要留到秋冬季再使用，这样长时间存放可能影响效果。

⑥ 关于彩妆。对于彩妆产品，如果随身携带最好放在化妆包内，减少与手提包内其他物品的接触，避免被污染的可能。

6.4 化妆品中的有害成分和化妆品通用标签

6.4.1 化妆品中的有害成分

6.4.1.1 《化妆品安全技术规范》(2015年版)中化妆品中有害物质限值

《化妆品安全技术规范》(2015年版)对化妆品中有害物质限值进行了规定，见表6-8。

表6-8 《化妆品安全技术规范》(2015年版)中化妆品中有害物质限值

有害物质	汞	铅	砷	镉	甲醇	二噁烷	石棉
限值/(mg/kg)	1	10	2	5	2000	30	不得检出
备注	含有机汞防腐剂的眼部化妆品除外						

6.4.1.2 化妆品中的主要有害成分

化妆品中有许多的添加剂，这些添加剂一旦超标，化妆品将是危害品。现将化妆品中的主要有害成分列于表6-9。

表6-9 化妆品中的主要有害成分

有害成分	常见产品	危害
汞和汞化合物(主要是氯化汞和硫化汞)	祛斑美白化妆品、胭脂、口红等	长期使用含汞的化妆品会引发慢性中毒。主要是由于汞及其化合物能穿过皮肤黏膜屏障进入机体所有的组织和器官，对人体的消化系统、神经系统等产生严重的危害，造成皮炎、神智错乱、呼吸衰竭、血尿、尿毒症等
镉	口红、粉饼、粉底液等	长期使用含镉及其化合物的化妆品，可引发慢性中毒。同时，镉能破坏钙、磷的代谢，妨碍骨胶原的正常固化成熟，进而导致软骨病。镉也能破坏铜、锌、锰、硒等一系列微量元素的代谢，导致心脏扩张和早产儿死亡，诱发肺癌
铅(主要是氧化铅)	口红、染发剂、美白化妆品等	积蓄性金属，可引发慢性铅中毒，会对血液循环系统、神经系统、生殖系统、消化系统和泌尿系统产生毒性效应，引起贫血，能伤害人的肝、肾、骨骼，引起神经衰弱、便秘、食欲不振
砷	祛斑美白化妆品等	通过皮肤、呼吸道等进入人体，干扰细胞的正常代谢，使细胞发生病变，引起细胞死亡和新陈代谢紊乱，加重脏器损害，对血液系统、消化系统、神经系统、呼吸系统等都可能造成伤害。长期使用含砷元素的化妆品，可能引发皮炎、湿疹、色素沉着等疾病，最终导致皮肤癌
锑	粉饼、胭脂、眼影等	长期使用含锑的化妆品会引发慢性中毒，并且锑进入人体后能与细胞中的巯基发生不可逆转的结合，干扰含巯基的蛋白质和酶类的正常代谢，对生物体产生严重的损害
铜	防晒类化妆品	铜是人体必需的微量矿物质，但是铜超标对人体也会产生严重的影响，造成人体内的新陈代谢紊乱，导致肝硬化、肝腹水等
铋	口红等	伤害肝、肾
邻苯二甲酸酯	指甲油等	干扰内分泌，使男性精子数量、质量下降，严重的会导致睾丸癌；增加女性患乳腺癌的概率，还会危害到她们未来生育的男婴的生殖系统

续表

有害成分	常见产品	危害
苏丹3号	口红等	刺激皮肤，产生湿疹、花粉热、哮喘等过敏症；刺激眼睛、口腔、鼻腔和唇部黏膜导致发炎
煤焦油	眼影等	与癌症相关
防腐剂苯甲酸酯	大多数化妆品	与癌症密切相关
增塑剂	指甲油等	破坏人体荷尔蒙，影响生殖健康，甚至引发癌症

6.4.2 化妆品通用标签

随着人们生活水平的提高和社会文明的发展进步，2008年6月17日由中华人民共和国国家质量监督检验检疫总局和中国国家标准化管理委员会共同发布《消费品使用说明 化妆品通用标签》（GB 5296.3—2008），并于2009年10月1日起实施，代替以往曾经发布使用的GB 5296.3—1995、GB 5296.3—1987，部分内容如下。

6.4.2.1 范围

GB 5296的本部分规定了化妆品销售包装通用标签的形式、基本原则、标注内容和标注要求。本部分适用于中华人民共和国境内销售的化妆品。

6.4.2.2 规范性引用文件

下列文件中的条款通过GB 5296的本部分的引用而成为本部分的条款。凡是注日期的引用文件，其随后所有的修改单（不包括勘误的内容）或修订版均不适用于本部分。然而，鼓励根据本部分达成协议的各方研究是否可使用这些文件的最新版本。凡是不注日期的引用文件，其最新版本适用于本部分。

① 国家质量监督检验检疫总局令第75号《定量包装商品计量监督管理办法》。

② 国家质量监督检验检疫总局令第80号《中华人民共和国工业产品生产许可证管理条例实施办法》。

③ 全国香料香精化妆品标准化技术委员会和卫生部化妆品标准化技术委员会联合编译《化妆品成分国际命名（INCI）中文译名》。

6.4.2.3 术语和定义

术语和定义的具体内容见表6-10。

表6-10 术语和定义的具体内容

中文	英文	具体内容
化妆品	cosmetics	以涂抹、洒、喷或其他类似方式，施于人体表面任何部位（皮肤、毛发、指甲、口唇等），以达到清洁、芳香、改变外观、修正人体气味、保养、保持良好状态目的的产品
标签	labelling	粘贴或连接或印在化妆品销售包装上的文字、数字、符号、图案和置于销售包装内的说明书
销售包装	sales packaging	以销售为目的，与内装物一起交付给消费者的包装
内装物	contents	包装容器内所装的产品

续表

中文	英文	具体内容
展示面	display panels	化妆品在陈列时，除底面外能被消费者看到的任何面
可视面	visible panels	化妆品在不破坏销售包装的情况下，消费者能看到的任何面
净含量	net content	去除包装容器和其他包装材料后，内装物的实际质量或体积或长度
保质期	shelf life	在化妆品产品标准和标签规定的条件下，保持化妆品品质的期限。在此期限内，化妆品应符合产品标准和标签中所规定的品质

6.4.2.4 标签的形式和基本原则

根据化妆品的包装形状和/或体积，标签形式可以从表 6-11 的三种情形中选择，标签的基本原则同见表 6-11。

表 6-11 化妆品标签的形式和基本原则

类别	内容
标签的形式	印在或粘贴在化妆品的销售包装上
	印在与销售包装外面相连的小册子或纸袋或卡片上
	印在销售包装内放置的说明书上
标签的基本原则	化妆品标签所标注的内容应真实。所有文字、数字、符号、图案应正确
	化妆品标签所标注的内容应符合现行国家法律和法规的要求

6.4.2.5 必须标注的内容

《消费品使用说明 化妆品通用标签》(GB 5296.3—2008) 中规定必须标注的内容如表 6-12所示。

表 6-12 GB 5296.3—2008 中规定必须标注的内容

项目	内容
化妆品的名称	化妆品的名称应反映化妆品的真实属性，简明易懂
	化妆品的名称应标注在销售包装展示面的显著位置，如果因化妆品销售包装的形状和/或体积的原因，无法标注在销售包装的展示面位置上时，可以标注在其可视面上
	系列产品的序号或色标号允许标注在销售包装的可视面上
生产者的名称和地址	应标注经依法登记注册并承担化妆品质量责任的生产者名称和地址。
	委托生产或加工化妆品的生产者名称或地址的标注按国家质量监督检验检疫总局令第 80 号规定执行
	进口化妆品应标注原产国或地区(指中国香港、澳门、台湾)的名称和在中国依法登记注册的代理商、进口商或经销商的名称与地址。可以不标注生产者的名称和地址
	生产者、代理商、进口商或经销商的名称和地址应标注在销售包装的可视面上
净含量	定量包装的化妆品应按国家质量监督检验检疫总局令第 75 号规定标注净含量
	净含量应标注在化妆品销售包装的展示面上，如果因化妆品销售包装的形状和/或体积的原因，无法标注在销售包装的展示面位置上时，可以标注在其可视面上

续表

项目	内容
化妆品成分表	在化妆品销售包装的可视面上应真实地标注化妆品全部成分的名称
	成分表应以“成分:”的引导语引出
成分名称的标注顺序	成分表中成分名称应按加入量的降序列出。如果成分表中同一行标注两种或两种以上的成分名称时,在各个成分名称之间用“、”予以分开
	如果成分的加入量小于等于1%时,可以在加入量大于1%的成分后面按任意顺序排列成分名称
	多色号的化妆品在标注着色剂时,应在成分表的结尾插入“可能含有的着色剂:”作为引导语,然后可以按任意顺序排列所有颜色范围的着色剂
标注的成分名称	标注的成分名称应采用《化妆品成分国际命名(INCI)中文译名》中的成分名称。如果该成分为《化妆品成分国际命名(INCI)中文译名》中没有覆盖的名称,可依次采用中华人民共和国药典的名称、化学名称或植物学名称
	香精中的香料、辅助成分、载体可以不标注各自的成分名称,而采用“香精”这个词语列在成分表中
	着色剂的名称采用着色剂索引号(染料索引号)的英文缩写“CI”加上着色剂索引号,如“CI 12010”等。如果着色剂没有索引号,则可采用着色剂的中文名称
保质期标注方式和方法	标注方式:①生产日期和保质期;②生产批号和限期使用日期
	生产日期标注:采用“生产日期”或“生产日期见包装”等引导语,日期按4位数年份、2位数月份及2位数日的顺序。例如标注“生产日期 20020112”或“生产日期见包装”和包装上“20020112”,表示2002年1月12日生产
	保质期的标注:“保质期×年”或“保质期××月”
	生产批号的标注:由生产企业自定
	限期使用日期的标注:采用“请在标注日期前使用”或“限期使用日期见包装”等引导语,日期按4位数年份、2位数月份和2位数日的顺序。例如标注“20051105”,表示在2005年11月5日前使用。日期也可以按4位数年份和2位数月份的顺序,例如标注“200505”,表示在2005年5月1日前使用
其他标注	应标注企业的生产许可证号、卫生许可证号和产品标准号(可以不标注年代号)。没有实行生产许可证和/或卫生许可证的产品不需标注生产许可证号和/或卫生许可证号。生产许可证号、卫生许可证号应标注在化妆品销售包装的可视面上
	进口非特殊用途化妆品应标注进口化妆品卫生许可备案文号
	特殊用途化妆品应标注特殊用途化妆品批准文号
	凡国家有关法律和法规有要求或根据化妆品特点需要,应在化妆品销售包装的可视面上标注安全警告用语。安全警告用语应以“注意:”或“警告:”等作为引导语

除以上必须标注的内容外，宜标注的内容有两条：a. 必要时，应标注化妆品的使用指南或使用指南的图示。b. 必要时，应标注满足保质期或限期使用日期的储存条件。

6.4.2.6 基本要求

对化妆品标签的基本要求是：化妆品标签的内容应清晰，应保证消费者在购买时醒目、易于辨认和阅读；化妆品标签所用的文字除依法注册的商标外，应是规范的汉字；标签内容允许同时使用汉语拼音或少数民族文字或外文，但应拼写正确。

6.5 世界化妆品

6.5.1 世界化妆品品牌公司

(1) 法国：欧莱雅集团 (LORÉAL Groug)

成立于1907年，旗下护肤/彩妆品牌：HR(赫莲娜)、乔治阿玛尼、Lancome(兰蔻)、Biotherm(碧欧泉)、科颜氏、Yue Sai (羽西)、L′Oreal Paris(巴黎欧莱雅)、美爵士、Garnier(卡尼尔)、小护士、The Body Shop(美体小铺)、CCBPARIS(巴黎创意美家)、Shu Uemura(植村秀)、Maybelline (美宝莲)、YSL(圣罗兰)、Vichy(薇姿)、La Roche-posay (理肤泉)、Skin Ceuticals(修丽可) 等。

(2) 美国：宝洁公司 (The Procter & Gamble Co)

成立于1837年，旗下护肤/彩妆品牌：SK-Ⅱ、蜜丝佛陀、Olay(玉兰油)、Illume(伊奈美)、Always、Zest、Boss Skin、Cover Girl(封面女郎)、ANNA SUI(安娜苏)、海飞丝、飘柔、潘婷、沙宣、伊卡璐、舒肤佳等。

(3) 美国：雅诗兰黛 (Estee Lauder Cos Inc)

成立于1946年，旗下护肤/彩妆品牌：La Mer(海蓝之谜)、雅诗兰黛、Clinique(倩碧)、Origins(悦木之源)、Jo Malone、Tom Ford(汤姆福特)、Bobbi Brown(芭比波朗)、M. A. C(魅可)、Tommy Hilfiger(唐美希绯格)、DKNY(唐可娜儿)、Aramis(雅男士)、BeautyBank 等。

(4) 英国：联合利华 (Unilever)

成立于1930年，旗下日化/食品品牌：力士、夏士莲、旁氏、奥妙、中华、洁诺、凡士林、金纺、立顿等。

(5) 日本：资生堂 (Shiseido Co Ltd)

成立于1872年，旗下护肤/彩妆品牌：肌肤之钥 (CPB)、Cle de Peau(CDP)、IPSA (茵芙莎)、Ettusais(爱杜莎)、CARITA(凯伊黛)、Shiseido Fitit、爱泊丽、DeLuxe、ff、SELFIT(珊妃)、Whitia(白媞雅)、FT Shiseido、泊美、Maquillage、Aupres(欧珀莱)、Za (姬芮)、Supreme Aupres(思魅欧珀莱) 等。

(6) 法国：LVMH 集团

成立于1987年，旗下护肤/彩妆品牌：Christian Dior(克丽丝汀迪奥)、Guerlain(娇兰)、Givenchy(纪梵希)、Laflachère、BeneFit、Fresh、Make up for ever(浮生若梦)、CLARINS(娇韵诗)、Kenzo(高田贤三)、Celine(赛琳) 等。

(7) 法国：科蒂 (COTY) 集团

成立于1904年，旗下护肤/彩妆品牌：Balenciaga(巴黎世家)、Calvin Klein(卡尔文·克莱恩)、Chloe(克洛伊)、Davidoff(大卫·杜夫) 等。

(8) 韩国：爱茉莉太平洋集团

成立于1945年，旗下护肤/彩妆品牌：Sulwhasoo(雪花秀)、Laneige(兰芝)、HERA

(赫拉)、IOPE(亦博)、LIRIKOS(俪瑞斯)、VERITE、innisfree(悦诗风吟)、Mamonde(梦妆)、韩律、芙莉美娜、Espoir、ETUDE(爱丽)、伊蒂之屋等。

(9) 韩国：LG 集团

成立于 1947 年，旗下护肤/彩妆品牌：WHOO(后)、SU：M37°(呼吸)、OHUI(欧蕙)、belif(比尔里夫)、ISAKNOX(伊诺姿)、蝶妆、秀丽韩、爱之浓丝、The Face Shop(菲诗小铺)、海皙蓝、曼丽妃丝柔、Lacvert(拉格贝尔)、carezone(蔻瑞哲)、FROSTINE'S、cathycat 等。

(10) 德国：拜尔斯道夫 (Beiersdorf)

成立于 1882 年，旗下护肤/彩妆品牌：NIVEA(妮维雅)、Atrix、Florena(芙蕾蓉娜)、Labello(拉贝罗)、Eucerin(优色林)、LA Prairie(莱珀妮) 等。

(11) 美国：雅芳公司 (Avon Products Inc)

成立于 1886 年，旗下推出过包含雅芳色彩系列、雅芳新活系列、雅芳肌肤管理系列等多款著名系列和种类繁多的流行珠宝饰品。

(12) 美国：强生公司 (Johnson & Johnson)

成立于 1886 年，旗下有邦迪、露得清、大宝、可伶可俐等众多品牌。

6.5.2 世界化妆品品牌简介

化妆品品牌很多，要想购买到好的化妆品，品牌很关键。现介绍一些世界有名的化妆品品牌，供读者认识，顺序不分排名：法国香奈儿 (Chanel)、法国兰蔻 (Lancome)、美国雅诗兰黛 (Estee Lauder)、法国迪奥 (Dior)、法国 LVMH 集团、美国倩碧 (Clinique)、日本 SK-Ⅱ、法国碧欧泉 (Biotherm)、美国伊丽莎白雅顿 (Elizabeth arden)、日本资生堂 (SHISEIDO)。

6.5.3 世界彩妆品牌简介

(1) 美国：美宝莲 (Maybelline)

成立于 1917 年，美宝莲知名产品：Maybelline New York 睛彩造型四色眼影、Maybelline New York 星钻炫目五色眼影盘、Maybelline New York 宝蓓粉嫩光采蜜乳、Maybelline New York 密扇睫毛膏等。

(2) 美国：芭比波朗 (Bobbi Brown)

成立于 1991 年，芭比波朗知名产品：Bobbi Brown 流云眼线膏、Bobbi Brown 持久粉底液、Bobbi Brown 腮红、星纱盘等。

(3) 加拿大：M. A. C 魅可 (Makeup Art Cosmetics)

成立于 1985 年，M. A. C 魅可知名产品：M. A. C 子弹头唇膏、M. A. C 粉底液、M. A. C 魅可透明腮红等。

(4) 美国：蜜丝佛陀 (Max Factor)

成立于 1909 年，蜜丝佛陀知名产品：水漾触感粉底霜、蜜丝佛陀透滑粉饼、恒久亮眸遮瑕笔、蜜丝佛陀臻密不凝结睫毛膏等。

(5) 法国：迪奥 (Dior)

成立于 1947 年，迪奥知名产品：迪奥凝脂恒久粉底液、迪奥烈艳蓝金唇膏、迪奥 5 色眼影、迪奥魅惑唇膏等。

(6) 法国：HR赫莲娜 (Helena Rubinstein)

成立于1902年，HR赫莲娜知名产品：明星绿宝瓶系列、至美溯颜菁华眼霜、至盈无痕精华、皇家黑珍珠尊荣臻养系列等。

(7) 法国：兰蔻 (Lancome)

成立于1935年，兰蔻知名产品：金纯润白精华乳、限量版乳霜、Rose de France 唇膏、春天·蝴蝶飞修容盘、立体大眼眼线笔等。

(8) 法国：香奈儿 (Chanel)

成立于1910年，香奈儿知名产品：香奈儿奢华精粹洁面乳、香奈儿格纹五色眼影、香奈儿卷翘纤长睫毛膏等。

(9) 法国：纪梵希 (Givenchy)

成立于1952年，纪梵希知名产品：纪梵希四宫格散粉、纪梵希小羊皮唇膏、纪梵希感光皙颜粉底液等。

(10) 美国：雅诗兰黛 (Estee Lauder)

成立于1946年，雅诗兰黛知名产品：雅诗兰黛纯色晶亮持久唇膏、雅诗兰黛浓密卷翘睫毛膏、雅诗兰黛四色眼影等。

6.6 简易天然护肤品的制作

爱美之心人皆有之，护肤水与面膜作为保养皮肤和美容的基础护理品，是女性的首选护肤品，下面介绍一些生活中可简易制作的方法。

6.6.1 香蕉牛奶滋养面膜

材料：香蕉1根，鲜奶适量。

方法：香蕉去皮后，切块并捣成泥状；加入鲜奶后拌成糊状；敷在全脸上5～10min，然后用清水洗净即可。

美肤功效：香蕉中有天然的果酸，有保湿润泽的美肤功效，再加上鲜奶的调和，有不错的保湿效果。

6.6.2 番茄净肤去油面膜

材料：番茄1个 (约150g)，奶粉2大匙，蜂蜜2茶匙。

方法：将熟透的红番茄用研钵捣烂；然后将奶粉和蜂蜜加入捣烂的番茄泥中，均匀搅拌成糊状；洗脸后，均匀涂于面部，以湿的热毛巾或用市售的纸面膜盖上，可以帮助吸收。

美肤功效：此面膜净肤去油，有不错的平衡油脂功效，还有清洁、美白与镇静效果，非常适合油性肌肤使用。

6.6.3 苹果雪肌滋润面膜

材料：鸡蛋1个，蜂蜜2茶匙，苹果半个，橄榄油1匙，面粉5g。

方法：把苹果去皮切块，放在研钵中捣成泥，也可以用搅拌器磨碎或用果汁机打成汁后，取剩下的残渣；慢慢地加入鸡蛋、蜂蜜、橄榄油和面粉，并均匀搅拌，直至成糊状；洗完脸后，涂于脸上，敷约10～15min；然后用清水洗净即可。

美肤功效：能滋润白皙皮肤，让肌肤抗氧化的功能加强。苹果适合所有肤质使用，用含有苹果成分的面膜敷脸，可为肌肤由外而内地增添光泽。

6.6.4 苦瓜美白保湿面膜

材料：白苦瓜1条。

方法：将苦瓜洗净，放于冰箱保鲜层约2h；拿出洗净后切成薄片；将切好的苦瓜片贴在全脸，敷15min后取下以清水洗净。

美肤功效：滋润皮肤，还能镇静和保湿肌肤，特别是在燥热的夏天，敷上冰过的苦瓜片，能立即解除肌肤的不适。

6.6.5 黄瓜润肤美肌水

材料：小黄瓜1条，蜂蜜1.5茶匙，柠檬1/8个，蒸馏水100mL。

方法：将黄瓜洗净，捣烂之后用滤网滤出黄瓜汁；将3汤匙黄瓜汁，混合1.5茶匙蜂蜜、2滴柠檬汁，然后加入100mL蒸馏水，摇匀；用干净的小喷雾瓶把上面的混合物密封保存，即可使用，多余的需置于冰箱保存，三天内尽量使用完，以防产品变质。

美肤功效：黄瓜含有丰富的维生素A，搭配含多种营养成分且兼具黏性的蜂蜜，就成为滋润度极高的美肌水。

6.6.6 西瓜清凉柔肤面膜

材料：西瓜肉1/4杯，纸面膜。

方法：用机械搅拌器将西瓜打成西瓜肉末，将捣碎的西瓜肉敷在脸上；最后再铺上市售的纸面膜，约20min后，用冷水将脸彻底洗干净即可。

美肤功效：西瓜所含的维生素A、维生素B、维生素C，都是保持肌肤健康与润泽的养分，有相当好的柔肤效果。

6.7 香水

6.7.1 香水的历史

要追溯香水的历史，首先必须了解香料的历史。东方和西方对香料发祥地有不一样的认识，在东方，人们认为香料发祥于帕米尔高原，在西方，认为公元前二十至十八世纪的古埃及是香料的发祥地。古代的香料基本上都是固态的，香料主要在祭祀活动中焚烧使用。古埃及，香料是富裕阶级的奢侈品，一般在沐浴后涂在身上。在希腊，开始使用的香料是棕榈油、薄荷、麝香草的浸液、蔷薇水和蔷薇香油。在罗马，蔷薇水和蔷薇香油受到人们的喜爱，人们还有手执龙涎香的习惯。阿拉伯人发明了从花的浸出物中析出液体的方法，做出有名的戈雷香水，输向世界各地。十四世纪，流行的香型为薰衣草和堇菜。十五世纪末，意大利已广泛使用香水。十六世纪，带有浓烈动物香味及杏红花香味的手套从意大利流传到法国和英国。香水历史上，被称作现代香水之父的匈牙利香水一般认为是在十六世纪问世的。十七世纪的法国，香水是一种时髦商品。在十八世纪前后，出现了酒精香油混成的香水，詹·玛丽·荷莉娜香水店则被称为专门出售酒精香水的鼻祖。十九世纪下半叶，以法国为中心制造出合成香料，新的混合型香水具有各种花的香型。同时，美国化妆品工业悄然发展，使香水变为大众消费品。

1690年，意大利人费弥尼在匈牙利香水配方的基础上进行了改进，增加了香柠檬油、橙花油、薰衣草油等，创造了一种香水传给他的后代约翰·玛利亚·法丽纳。到了1709年，约翰·玛利亚·法丽纳在德国科隆出售这种香水，被人称之为“科隆水”，后人也称“古龙水”。

6.7.2 香水的分类

对不同的香水进行门类划分总是困难的，对香水香型的定义还有赖于时代的进步。本文仅介绍一些说法，以供读者参考。

出生于法国的阿杰纳·瑞美尔（Eugene Rimme）是英国著名的香水师，19世纪末，他尝试着把各种香水分成18类，在18类中，像檀香类就包括了檀香木、香根和杉木。另一位香水师查尔斯·皮瑟尔（Charles Piesse），试着用对应音阶的方法来给香水分门别类。他认为香水的排列应该像音乐的音调一样有自己的秩序，这种方法最后并没有成功推广。

1986年，吴关良根据瑞士奇华顿远东公司调香师的演讲，对香水进行了区分，将女士用香水区分为五个香型，即花香型、醛香型、素心兰型、辛香香型、东方型，将男士用香水分为四大类目，即新鲜花香型、烟草香型、素心兰型、东方型。

人们认为简要描述更简洁易懂。通常的描述包括琥珀香型、木香型、芳香型、皮革香型、厥香型、柏香型、柑橘香型、松香型、干香型、结晶型、土香型、花香型、烟香型、果香型、甜香型、辛香型、闪香型、烟草香型、草香型、干草香型、青草香型、浓香型、淡香型、海味香型、金属香型、凉香型、藓香型、醛香型、大洋香型和健康香型等。随着时间的推移，新的描述还会继续出现。

用具体物品比喻表现香气，香气类别有醛香、动物香、膏香、樟脑和草药香、柑橘香、土香、鲜花香、水果香、青香、药香、金属香、薄荷香、苔香、粉香、树脂香、辛香、蜡香、木香。

从香精及所用的溶液浓度不同的角度，香水还可以进行如下分类。

① 香精（Parfum）。香精浓缩度最高，含量在15%～30%，所用乙醇浓度在60%～95%。香味浓郁、持久，可使余香绵飘四方。由于香精由少则数十种，多则数百种香料配制而成，因此价格昂贵。建议用于脉搏活跃的部位，如手腕、膝后、颈部。

② 浓香水（Eau de Parfum）。香精浓度在10%～15%。香气比香精清淡，但较淡香水浓郁，能持久地保持香味，完美体现个人特色。

③ 淡香水（Eau de Toilette）。又叫盥用水。香精含量在5%～10%，所用乙醇浓度在75%～90%。比浓香水清淡，给人更清爽的印象，可以直接喷洒在衣物、头发和皮肤上。

④ 科隆香水（Eau de Cologne）。即古龙水。香精含量在3%～5%，所用乙醇浓度在60%～75%。

⑤ 清淡香水（Eau de Fraicheur）。香精含量在2%以下，酒精含量比古龙水高。香气不明显，作为点缀局部存在。

6.7.3 香水的功效

有人说香水可增添个人的自信和魅力，是个性的标志，能体现生活品位，也是一种社交礼仪，这些说的是香水的社会功效，香水本身的功效列举如下。

玫瑰、柑橘花、薰衣草、茉莉都具有镇静及安神效果，将以此为主要原料的香水滴两三滴在手腕上或耳根后再入睡，有助于改善睡眠质量。柏木、杉木、松树含有杀菌素，将含有这些树木香味的香水喷洒在房间里，人们就可以尽情享受在大自然的森林里呼吸的感觉。薄荷、铃兰、柠檬、芫荽的香气可以提神醒脑，强化注意力，对提高职场人的工作效率有很好的效果。以柑橘水果和苔类香草为原料的香水，含有令人增添吸引力和荷尔蒙的功效，适宜在约会时选用。姜的香味很冲，可增强对环境的应激能力，消除疲劳。檀香味能起到松弛神经、安慰心情的作用。葡萄柚有制怒作用，并可适当提高紧张度。肉桂迷幻般的香味可使人乐观向上，体验无拘无束、轻松愉快的感觉。

6.7.4 香水使用禁忌

香水在使用过程中是有讲究的，如果使用不当，会适得其反。香水在使用过程中应注意以下事项：避免香水和汗液混合在一起使用，这会使香水气味发生变化，因此在使用香水前应沐浴更衣；夏天不要把香水喷到面部、颈部等皮肤细腻的部位，因为香水被紫外线照射，很容易出现黑斑；香水不要混合使用，会窜味；孕妇应避免使用香水，香水中含有的麝香成分会对婴儿产生不良作用；香水也不能喷得太多，以免香味过浓，令周围其他人感到身体不适。

6.7.5 香水的味阶

随着时间的推移，香味在不断地挥发，各种香料的挥发率不一样，也造成了不同时间段有不同的香味。

前味（或叫前调、头调、头香、初香）是香水中最容易挥发的成分，指在香水喷、擦后人们最初辨嗅到的香气，即人们首先感受到的香气特征。它只能维持几分钟，作用是给人最初的整体印象，吸引注意力。用作头香的香料很多，如柑橘油、桉树脑和癸醇等。

中味（或叫中调、核心调、体香），是香水中中等挥发性的成分，紧随前味出现，散发出香水的主体香味，这是香水的主要香气特征，其香气能在较长时间保持稳定和一致。用作体香的香料有香茅醇、苯乙醇和丁子香叶油等。

后味（或叫尾调、后调、末香、底香、基香、深调、体香调、逸香、散香）是香味最持久的部分，也就是挥发性最低的部分，留香的持久使它成为整款香水的总结部分。留香时间长，即使干后也有香气，有些香气可保持几天或几周，甚至几个月。

6.7.6 调香术语

调香是指调配香精的技术与艺术。在调香工作中会用到一些术语，有的与香气或香味的描述有关，有的与香精香气结构解析有关，有的与叙述香精中不同香料组分的作用有关，现列于表 6-13。

表 6-13 调香中的常用术语

中文术语	英文术语	解释
气味	odour	是嗅觉器官所感觉到的或辨认出的一种感觉，又称为气息。有愉快芳香的气味(aroma)或令人厌恶的气味
香气	fragrance	又名薰香、气息和气味。香气是对由人类的嗅觉器官感受到的有香物质散发出来的令人舒适愉快的气息的总称
香味	flavor	又名芳香气味。香味是指人们的嗅觉和味觉器官分别感受到的有香物质散发出的令人舒适愉快的气息和味道的综合
香韵	mage，note	又名风韵。用来描述某一香料、香精或加香制品的香气中带有某种香气韵调而不是整体香气的特征
香型	odo(u)r type	又名香调。用来描述某一香精或加香制品的整体香气类型或格调
头香	top note	也称顶香，是香精中最易挥发的组分产生的香气
体香	body note	也称中段香(middle note)，它是香精的中等挥发性组分产生的香气，是香精的主体香气，代表了香精的特征
基香	basic note	也称尾香(end note)，它是香精中挥发性低的组分或某些定香剂产生的香气，留香时间长
基体	basic	高含量香料混合物称为香精的基体
香基	bases	也称不完整香精(part-perfume)和半香精(semi-perfume)，它是用数种香料配制成的具有某香气特征的混合物，它不是完整的香精

6.7.7 香精提取工艺

香水的配制离不开香料香精，因此香水中香精的获得也是香水的重点。香精提取工艺有以下几种，即萃取法、水蒸气蒸馏法、榨磨法、超临界 CO_2 萃取法（SFE-CO_2）、超声辅助提取法、酶解法、微波辐射诱导萃取法等。

6.7.7.1 萃取法

萃取是分离和提纯有机化合物常用的操作之一，萃取过程发生的是物理变化，通常被萃取的是固体或液态物质，选用合适的溶剂从固态物质中进行的萃取叫抽提。在香精提取过程中，萃取就是选择对香精溶解性好、有挥发性的溶剂直接浸泡香料植物，通过溶液与固体香料接触，经过渗透、溶解、分配、扩散等一系列物理过程，将原料中的香气成分提取出来。该方法的优点是能将低沸点、高沸点组分都提取出来，很好地保留植物香料中的原有香气，将植物香料制成香料产品。

6.7.7.2 水蒸气蒸馏法

（1）水蒸气蒸馏

水蒸气蒸馏是利用香精和水不相溶，在共沸下不与水反应，加热时，随着温度的升高，精油和水在低于100℃的温度下随蒸气一起蒸出来的过程，经导入冷凝器中得到水与精油的液体混合物，经过油水分离后即可得到精油产品。水蒸气蒸馏的好处就是香精中的有机物可在比其沸点低得多的温度下随水一起蒸馏出来，发生的是物理变化。

（2）蒸馏方式

① 水中蒸馏。原料置于筛板上或直接放入蒸馏锅，锅内加水，浸过料层，锅底进行加热。

② 水上蒸馏（隔水蒸馏）。原料置于筛板上，锅内加入的水量要满足蒸馏要求，但水面不得高于筛板，并能保证水沸腾至蒸发时不溅湿料层，一般采用回流水，保持锅内水量恒定，以满足蒸气操作所需的足够饱和蒸汽，因此可在锅底安装窥镜，观察水面高度。

③ 直接蒸汽蒸馏。在筛板下安装一条带孔环形管，由外来蒸汽通过小孔直接喷出，进入筛孔对原料进行加热，但水散作用不充分，应预先在锅外进行水散，锅内蒸馏快且易于改为加压蒸馏。

④ 水扩散蒸汽蒸馏。这是近年国外应用的一种新颖的蒸馏技术。水蒸气由锅顶进入，蒸汽自上而下逐渐向料层渗透，同时将料层内的空气推出，其水散和传质出的精油无须全部气化即可进入锅底冷凝器。蒸汽为渗滤型，蒸馏均匀、一致、完全，而且水油冷凝液较快进入冷凝器，因此所得精油质量较好、得率较高，此法能耗较低、蒸馏时间短、设备简单。

6.7.7.3 榨磨法

榨磨法主要是指柑橘类果实或果皮通过磨皮或压榨来提取精油的一种方法。榨磨法的方式有冷磨和冷榨两种方式。

6.7.7.4 超临界 CO_2 萃取法（SFE-CO_2）

通常情况下，物质随温度和压力的变化可以存在三相，即气相、液相和固相。液、气两相相界面消失时的状态点叫超临界点。

超临界 CO_2 萃取法由萃取和分离两部分组合而成。所谓超临界 CO_2 萃取就是将 CO_2 加压降温到超临界状态，利用超临界 CO_2 萃取植物中的精油成分，而后再使压力改变，气体挥发，提取出精油。超临界 CO_2 萃取法具有在较低的温度下操作、溶剂易分离、效率高等优点，且用 CO_2 作萃取剂具有不燃烧、无毒、无异味、无臭、安全性高、价廉易得、污染小等特点。

6.7.7.5 超声辅助提取法

超声波辅助提取是用高频率的振动波产生的强烈振动、高加速度、强烈空化效应和搅拌作用等，不断地将提取物从原物料中轰击出来，使其充分分离，加大浸取速率以达到高效提取的目的。超声辅助提取法可以增加所萃取成分的产率，缩短萃取时间，并且有工艺简单、操作速度快、成本低、溶剂污染少、低温萃取保留活性组分等优点。

6.7.7.6 酶解法

酶解法是利用特殊的酶对植物细胞间质及细胞壁中的纤维素、半纤维素等物质进行降解，引起细胞壁及细胞间质结构产生局部疏松、膨胀、崩溃等变化，减小细胞壁、细胞间质等传质屏障对有效成分从细胞内向提取介质扩散的传质阻力，促进传质过程，进而使精油成分易于流出，完成提取过程。此法有效提高了组分的提取率。

6.7.7.7 微波辐射诱导萃取法

微波辐射诱导萃取法是将高频电磁波通过萃取介质传到被提取物的微管束和细胞内，由于细胞吸收了微波能，细胞内部温度迅速上升，进而使细胞内部压力超过细胞壁所能承受的范围，导致细胞破裂，有效成分流出，目标组分与基体直接分离，并在较低的温度下溶解于萃取介质中。通过进一步过滤和分离，即可获得所需的萃取物。

参考文献

[1] 中华人民共和国国家质量监督检验检疫总局，全国香料香精化妆品标准化技术委员会．GB/T 5296.3—2008 消费品使用说明 化妆品通用标签［S］．北京：中国标准出版社，2008.

[2] 中华人民共和国国家质量监督检验检疫总局，全国香料香精化妆品标准化技术委员会．GB/T 18670—2017 化妆品分类［S］．北京：中国标准出版社，2017.

[3] 中华人民共和国国家食品药品监督管理总局．化妆品安全技术规范［M］．北京：中华人民共和国卫生部，2015.

[4] 陈玲．化妆品化学［M］．北京：高等教育出版社，2002：45-56.

[5] 陈悦．香水［M］．北京：经济日报出版社，2013.

[6] 唐冬雁，董银卯．化妆品：原料类型·配方组成·制备工艺［M］．2版．北京：化学工业出版社，2017：45-56.

[7] 佘丽丽，赵婧，张彦，等．化妆品：配方、工艺及设备［M］．北京：化学工业出版社，2017.

[8] 杨文平．美容化妆品存放使用有讲究［J］．湖南包装，2014（3）：47-48.

[9] 刘美玲，刘佳．浅议化妆品中重金属元素的危害［J］．广东化工，2015，42（4）：64，74.

[10] 王洪静．化妆品中重金属的检测方法探讨［J］．化工管理，2016（20）：260，262.

[11] 周昊涵，申山雪，唐苏．化妆品中的重金属危害探讨［J］．现代商贸工业，2016，37（30）：189-190.

[12] 茆晨宇娜．现代香水容器造型的风格演变与创新研究［D］．哈尔滨：哈尔滨师范大学，2021.

[13] 黄义峰，张艳．化妆品中重金属元素的危害及对策［J］．广州化工，2017，45（12）：17-19，42.

[14] 钟鑫，周猛．香精提取工艺与香水香型的发展［J］．广东化工，2021，48（12）：78-81.

[15] 贝尔纳·甘格勒（法）．收藏级香水——芬芳两百年［M］．彭婷，译．北京：金城出版社，2015.

[16] 艺乙．香水的历史［J］．文化译丛，1984（3）：32.

[17] 于湘子．香水、科隆水和花露水［J］．中国化妆品，1995（5）：32.

[18] 吴关良．香水的香型分类——根据奇华顿远东公司调香师演讲记录整理［J］．香料香精化妆品，1986（1）：71-73.

[19] 胡丹．青花纹样在香水包装设计中的应用［D］．南昌：江西科技师范大学，2017.

[20] 李闯．现代香水容器造型的方法研究［D］．株洲：湖南工业大学，2009.

第7章 饰品与化学

本章就饰品进行分类，对宝石饰品、贵金属饰品及成分、佩戴过程中的注意事项等进行介绍，以期大家能了解到饰品中的化学知识。

7.1 首饰的定义及饰品的分类

梳、钗、冠

7.1.1 首饰的定义

在早期，首饰是指佩戴于头上的饰物，重在“首”是“头”的意境，因此在我国旧时又将首饰称“头面”，如梳、钗、冠。现在广泛指以各种贵重金属、宝石材料等加工而成的，或与服装相配套起装饰作用的饰品，也指佩戴于人体多个部位的雀钗、耳环、项链、戒指、手镯等用以装饰人体的饰品。由于首饰大多使用稀贵金属和珠宝，所以价值较高。现在所指的服饰多以织物为主，另外也使用多种低价值的材料，与首饰有明确的区别。

从广义上来说，首饰是指用各种金属材料，宝石、玉石材料，有机材料以及仿制品制成的装饰人体及其相关环境的装饰品。可以看出，广义首饰已包含了首饰、摆饰的部分范围，这是当今首饰业的发展方向。随着社会节奏的加快，新材料、新观念的不断进入，首饰的界线越来越模糊了。

7.1.2 饰品的分类

饰品的范围很广，饰品是人们认为美丽或好看的、用以装饰人或物体的任何东西，不只是人们佩戴的首饰。现代饰品丰富多彩，琳琅满目，这里仅针对人们常佩戴的饰品进行分类探讨。

饰品分类的标准很多，但最主要的不外乎按材料、工艺手段、用途、佩戴部位、使用对象等来分类。

7.1.2.1 按材料分类

饰品材料可分为金属和非金属，金属又分为贵金属和常见金属。

(1) 贵金属

贵金属有金（Au）、银（Ag）、铂（Pt）等。各种贵金属的纯度表示有差异，如黄金表示为足金（24K）、22K、18K、14K、10K、9K、8K；铂金表示为PT999、PT990、PT950、PT900、PT850、PT750；银表示为纯银、纹银（925）。

(2) 常见金属

铁（Fe）、镍（Ni）合金、金属铜（Cu）及其合金、铝（Al）镁（Mg）合金、锡（Sn）合金。

(3) 非金属

非金属包括：皮革、绳索、丝绢类；塑料、橡胶类；动物骨骼（象牙、牛角、骨等）、贝壳类；木料（沉香、紫檀、伽楠）、植物果核类（山核、桃核、椰子壳等）；玻璃、陶瓷类（景泰蓝、琉璃等）；宝玉石及各种彩石类。高档宝玉石类包括钻石、翡翠、红蓝宝石、祖母绿、猫眼、珍珠等；中档宝玉石类包括海蓝宝石、碧玺、丹泉石、天然锆石、尖晶石等；低档宝玉石类包括石榴石、黄玉、水晶、橄榄石、青金石、绿松石等。

7.1.2.2 按佩戴部位分类

饰品按佩戴部位分有头饰，包括发饰、眼饰、口饰、耳饰、鼻饰；胸饰，包括颈饰、胸饰、腰饰、肩饰；手饰；脚饰及挂饰等。

① 头饰。主要指用在头发四周、口、眼、耳、鼻等部位的装饰。具体分为：发饰（包括发夹、头花、发梳、发冠、发簪、发罩、发束等）、太阳帽、太阳镜、口罩；耳饰（包括耳环、耳坠、耳线、耳钉等）；鼻饰（包括鼻环、鼻针等）。

② 胸饰。主要是用在颈、胸、背、腰、肩等处的装饰。具体分为：颈饰（包括各式各样的项链、项圈、丝巾、围巾、毛衣链等）；胸饰（包括胸针、胸花、胸章、吊坠、链牌、领带夹等）；腰饰（包括腰链、腰带、腰巾等）；肩饰（包括披肩、披风等）。

③ 手饰。主要是用在手指、手腕、手臂上的装饰。包括手镯、手链、臂环、戒指、指环之类，有时候也将手表视为手饰的一种。

④ 脚饰。主要是用在脚踝、大腿、小腿处的装饰。常见的是脚链、脚镯，广义上还可以包括各种具有装饰性的长筒丝袜、袜子、鞋子。

⑤ 挂饰。主要是用在服装上，或随身携带的装饰，如纽扣、钥匙扣、手机链、手机挂饰、包饰等。

7.1.2.3 按用途分类

(1) 流行饰品类

流行饰品类分为大众流行饰品和个性流行饰品。大众流行饰品多为机械化大批量生产，追求饰品的商品性，以量贩式销售为主。个性流行饰品多为手工制作，少量生产，追求饰品的艺术性、个性化，以限量销售为主，往往仅生产一件或几件。

(2) 艺术饰品类

艺术饰品因具有夸张、不易佩戴的特点，供收藏和摆设陈列之用；如果具有倾向实用性的艺术造型首饰可供佩戴之用。

7.1.2.4 按使用对象分类

饰品按使用对象分为男性饰品和女性饰品。

男性饰品选用得体、恰当，能很好地提升男性的个人形象和品位，是一种展示自我的途径。男士饰品切忌太过耀眼、烦琐、炫富、粗俗，简单、亮眼、得体即可。帽子、口袋巾、围巾、袖扣、领带夹可增添男性个性魅力。除此之外，玉饰是男性饰品中的一个重要类别，如玉扳指、玉石吊坠、玉石手串、玉佩等。古人有云：君子无故，玉不去身。意思是除非遇到了不得已的特殊情况，否则君子一般不将自己的佩玉轻易摘离。的确，佩玉曾经是君子身份的象征，也是君子用来提醒和约束自身言行的一个物件。有语“黄金有价玉无价”，在当今社会，佩戴玉饰不会让人觉得有炫富的味道，故而玉饰颇受大众欢迎。

对女性而言，小巧精美的锁骨链是职场女性饰品的首选，其次是耳饰、手饰、胸饰、发带等。

7.2 宝石饰品

7.2.1 珠宝玉石的概念和分类

珠宝玉石简称宝石（gems 或 gemstone），即“宝贵的石头”，以其特有的绚丽色彩、亮丽的光泽、温润的质地，被人们视为圣洁之物，自古以来就一直为人们所喜爱、所追求，在人类历史的发展中，人们将宝石与财富相联系，并作为权力、财富、地位的象征。我们可以在珠宝玉石国家标准《珠宝玉石 名称》（GB/T 16552—2017）中找到珠宝玉石的定义，珠宝玉石定义为“对天然珠宝玉石和人工珠宝玉石的统称，可简称宝石”。

珠宝玉石按成因即天然成因还是人工制造，可分为天然珠宝玉石和人工珠宝玉石。

7.2.1.1 天然珠宝玉石（natural gems）

天然珠宝玉石由自然界产出，具有美观、耐久、稀少性和工艺价值，分为天然宝石（natural gemstones）、天然玉石（natural jades）和天然有机宝石（natural organic materials），常见的天然珠宝玉石举例见表 7-1。

表 7-1 常见的天然珠宝玉石列表

类别	名称
天然宝石	钻石、红宝石、蓝宝石、祖母绿、猫眼石、海蓝宝石、碧玺、尖晶石、锆石、橄榄石、石榴石、水晶、紫晶等
天然玉石	翡翠、软玉、欧泊、绿松石、青金石、玉髓、玛瑙、东陵石、木变石、岫玉、独山玉、孔雀石、天然玻璃、黑曜岩等
天然有机宝石	珍珠、珊瑚、琥珀、养殖珍珠(简称“珍珠”)等

天然宝石是可加工成饰品的矿物单晶体（可含双晶）；天然玉石是可加工成饰品的矿物集合体，少数为非晶质体；天然有机宝石与自然界生物有直接生成关系，部分或全部由有机物质组成，是可用于饰品的材料。

7.2.1.2 人工珠宝玉石（manufactured products）

人工珠宝玉石是指完全或部分由人工生产或制造用作饰品的材料（单纯的金属材料除外），分为合成宝石、人造宝石、拼合宝石和再造宝石，见表7-2。

表7-2 常见的人工宝石分类列表

类别	英文名称	工艺	材料	名称
合成宝石	synthetic stones	完全或部分由人工制造	自然界有已知对应物的晶质体、非晶质体或集合体	合成祖母绿、合成红宝石、合成蓝宝石、合成尖晶石、合成水晶等
人造宝石	artificial stones	人工制造	自然界无已知对应物的晶质体、非晶质体或集合体	立方氧化锆、莫桑石（碳化硅）、钇铝榴石、玻璃等
拼合宝石	composite stones	人工拼接	由两块或两块以上材料人工拼接而成	三层欧泊等
再造宝石	reconstructed stones	人工熔接或压结	天然珠宝玉石的碎块或碎屑	再造琥珀、再造绿松石等

合成宝石的物理性质、化学成分和晶体结构与所对应的天然珠宝玉石基本相同。在珠宝玉石表面人工再生长与原材料成分、结构基本相同的薄层，此类宝石也属于合成宝石，又称再生宝石（synthetic gemstone overgrowth）。拼合宝石虽经人工拼接而成，也给人以整体珠宝玉石的印象。再造宝石在熔接或压结的过程中可辅加胶结物质，成品给人以整体珠宝玉石的外观。

7.2.1.3 仿宝石（imitation stones）

仿宝石是指用于模仿某一种天然珠宝玉石的颜色、特殊光学效应等外观特征的珠宝玉石或其他材料。“仿宝石”不代表珠宝玉石的具体类别，如仿钻石、仿祖母绿等。

7.2.2 珠宝玉石的定名

人类使用宝石历史悠久，早先是按照颜色进行归类命名的，如黄色的宝石统称黄宝石，绿色的宝石统称绿宝石等。随着科学技术的进步和宝石品种越来越多，很有必要对宝石进行科学的定名，珠宝玉石国家标准《珠宝玉石 名称》（GB/T 16552—2017），对珠宝玉石的定名给出明确的原则。

7.2.2.1 天然宝石的定名

不必加“天然”二字，产地不参与定名，直接使用天然宝石基本名称或其矿物名称，例如“南非钻石”“缅甸蓝宝石”就犯了产地参与定名的错误。

不应使用由两种或两种以上天然宝石名称组合定名某一种宝石，如“红宝石尖晶石”“变石蓝宝石”。“变石猫眼”除外。例如“蓝晶”“绿宝石”“半宝石”这样的定名易混淆或含混不清，不应使用这样的名称。

7.2.2.2 天然玉石的定名

不必加“天然”二字，产地不参与定名，直接使用天然玉石基本名称或其矿物（岩石）名称，在天然矿物或岩石名称后可附加“玉”字，“天然玻璃”除外。不使用雕琢形状定名天然玉石。传统名称中带有地名的天然玉石基本名称，不具有产地含义。

7.2.2.3 天然有机宝石的定名

不必加“天然”二字，产地不参与定名，直接使用天然有机宝石基本名称。但珍珠的定名有其特殊性，例如“天然珍珠”“天然海水珍珠”“天然淡水珍珠”可加“天然”二字。“养殖珍珠”可简称为“珍珠”，“海水养殖珍珠”可简称为“海水珍珠”，“淡水养殖珍珠”可简称为“淡水珍珠”。

7.2.2.4 合成宝石、人造宝石、拼合宝石、再造宝石的定名

合成宝石、人造宝石、拼合宝石、再造宝石的定名具有某些相通、相同或相似性，在表 7-3中说明。

表 7-3 合成宝石、人造宝石、拼合宝石、再造宝石的定名

名称	相通点	相似点	相同点	不规范定名
合成宝石	应在对应的天然珠宝玉石基本名称前加“合成”二字	不应使用合成方法直接定名	不应使用生产厂、制造商的名称直接定名；不应使用易混淆或含混不清的名称定名	不规范：查塔姆(Chatham)祖母绿、林德(Linde)祖母绿、鲁宾石、红刚玉、合成品、CVD 钻石、HPHT 钻石
人造宝石	应在材料名称前加“人造”二字	不应使用生产方法直接定名		规范：人造钇铝榴石；不规范：奥地利钻石
拼合宝石	应在组成材料名称之后加“拼合石”三字或在其前加“拼合”二字	—	—	—
再造宝石	应在所组成天然珠宝玉石基本名称前加“再造”二字	—	—	规范：“再造琥珀”“再造绿松石”

再生宝石作为合成宝石中的一种，应在对应的天然珠宝玉石基本名称前加“合成”或“再生”二字。例如无色天然水晶表面再生长绿色合成水晶薄层，应定名为“合成水晶”或“再生水晶”。

“玻璃”“塑料”虽属于人造宝石，但定名时不加“人造”二字。

拼合宝石的定名可逐层写出组成材料名称，如“蓝宝石、合成蓝宝石拼合石”，可只写出主要材料名称，如“蓝宝石拼合石”或“拼合蓝宝石”。

7.2.2.5 仿宝石的定名

“仿宝石”一词不应单独作为珠宝玉石名称。在对仿宝石进行定名时，尽量确定具体珠宝玉石名称，应在所仿的天然珠宝玉石基本名称前加“仿”字，如仿祖母绿、仿珍珠等。确定具体珠宝玉石名称时，遵循国家标准规定的所有定名规则。

看到“仿某种珠宝玉石”表示珠宝玉石名称时，意味着以下两层意思：一是该珠宝玉石不是所仿的珠宝玉石，如“仿钻石”不是钻石；二是该珠宝玉石所用的材料有多种可能性，如“仿钻石”可能是玻璃、合成立方氧化锆或水晶等。

7.2.2.6 具有特殊光学效应的珠宝玉石的定名

具有特殊光学效应的珠宝玉石包括具猫眼效应的珠宝玉石、具星光效应的珠宝玉石、具变色效应的珠光宝石和其他特殊光学效应的珠宝玉石等。四种效应的定名见表 7-4。

表 7-4 四种效应的珠宝玉石的定名

效应种类	定名方法	例子	特例
猫眼效应	在珠宝玉石基本名称后加"猫眼"二字	磷灰石猫眼、玻璃猫眼、碧玉猫眼	只有金绿宝石猫眼可直接称为"猫眼"
星光效应	在珠宝玉石基本名称前加"星光"二字	星光红宝石、星光透辉石	—
变色效应	在珠宝玉石基本名称前加"变色"二字	变色石榴石	只有"变色金绿宝石"可直接称为"变石","变色金绿宝石猫眼"可直接称为"变石猫眼"
其他特殊光学效应	其他特殊光学效应不应参与定名,可以在相关质量文件中附注说明。砂金效应、晕彩效应、变彩效应等均属于其他特殊光学效应		

具有星光效应的合成宝石,在所对应天然珠宝玉石基本名称前加“合成星光”四字,如合成星光红宝石。

具有变色效应的合成宝石,在所对应天然珠宝玉石基本名称前加“合成变色”四字,如合成变色蓝宝石。“合成变石”“合成变石猫眼”除外。

7.2.2.7 优化处理的珠宝玉石的定名

优化的方法有热处理、漂白、浸无色油等;处理的方法有漂白、充填处理、覆膜处理、高温高压处理、染色处理、辐照处理、激光钻孔、扩散处理等。对于经优化的珠宝玉石,定名时直接使用珠宝玉石名称,可在相关质量文件中附注说明具体优化方法,可描述优化程度,如“经充填”或“经轻微/中度充填”。对于处理的珠宝玉石则要求:

① 在珠宝玉石基本名称处注明。

a. 名称前加具体处理方法,如扩散蓝宝石,漂白、充填翡翠。

b. 名称后加括号注明处理方法,如蓝宝石(扩散)、翡翠(漂白、充填)。

c. 名称后加括号注明“处理”二字,如蓝宝石(处理)、翡翠(处理);应尽量在相关质量文件中附注说明具体处理方法,如扩散处理,漂白、充填处理。

② 不能确定是否经过处理的珠宝玉石,在名称中可不予表示。但应在相关质量文件中附注说明“可能经××处理”或“未能确定是否经××处理”或“××成因未定”。

③ 经多种方法处理或不能确定具体处理方法的珠宝玉石按①或②进行定名。也可在相关质量文件中附注说明“××经人工处理”,如钻石(处理),附注说明“钻石颜色经人工处理”。

④ 经处理的人工宝石可直接使用人工宝石基本名称定名。

7.2.3 珠宝玉石的化学成分

按是否由同种元素组成,宝石的化学成分可以分为两种类型,即单质型和化合物型。一类是由同种元素的原子结合而成的单质型,如钻石;另一类是由不同种元素组成的化合物型。化合物又可分为简单化合物(如红宝石等)和复杂化合物(如碧玺等)。

按照晶体化学分类,宝石分为自然元素类、氧化物类和含氧盐类。

7.2.3.1 自然元素类

自然元素类是以单元素成分形式存在的宝石,如成分为碳(C)的钻石。

7.2.3.2 氧化物类

氧化物类是一系列金属和非金属元素与氧元素化合而成的化合物，如成分为 Al_2O_3 的红宝石和蓝宝石，成分为 SiO_2 的水晶、紫晶、黄晶、芙蓉石、玉髓、欧泊等。属于复杂氧化物的宝石有尖晶石（Mg、Fe、Zn、Mn）（Al、Cr、Fe）$_2O_4$ 和金绿宝石 $BeAl_2O_4$ 等。

7.2.3.3 含氧盐类

大部分宝石属于含氧盐类，其中又以硅酸盐类矿物居多。宝石中硅酸盐类矿物约占宝石的一半。还有少量宝石属磷酸盐类和碳酸盐类。

① 硅酸盐类。硅酸盐类宝石的晶体结构中，硅氧四面体（SiO_4）是基本的构造单元。硅氧在结构中可以孤立地存在，也可以角顶相互连接从而形成多种复杂的络阴离子，如橄榄石、石榴石、托帕石、碧玺、翡翠、岫玉等。

② 磷酸盐类。含有磷酸根（PO_4^{3-}），此类宝石成分复杂，如磷灰石 $Ca_5(PO_4)_3$(F、Cl、OH）和绿松石 $CuAl_6(PO_4)_4(OH)_8 \cdot 4H_2O$ 等。

③ 碳酸盐类。碳酸盐类宝石晶体结构中的特点是具有碳酸根（CO_3^{2-}），如菱锰矿、孔雀石、方解石等。

7.2.4 珠宝玉石的常规鉴定仪器

7.2.4.1 放大用仪器——放大镜、双目显微镜

珠宝玉石鉴定中最常用的一种检测方法是放大观察，通常使用各种类型的放大镜和显微镜观察肉眼难以看到的细小的宝石内、外部特征，具体观察内容包括以下方面。

（1）宝石的外部特征

通常在反射光下观察宝石的外部特征，如宝石有没有裂隙、断口、解理、裂理、双晶纹、生长线、色带，以及宝石加工的精细程度、抛光质量和其他的损伤；鉴别拼合石，如二层石、三层石等的结合线。

（2）宝石的内部特征

通常在透射光下观察宝石的内部特征，包括宝石的结构特征、包裹体、生长纹和色带、内部裂隙，辨别颜色的真伪（如观察宝石裂隙中的颜色特征）等。

7.2.4.2 折射仪

透明宝石的主要光学常数之一是折射率，宝石的折射率是鉴别宝石品种的重要科学依据。宝石折射率的定量测定用折射仪，它能无损、快速、准确地测出宝石的折射率。

折射仪能测定单折射宝石（包括等轴晶系和非晶质体宝石）的折射率、双折射宝石的折射率及双折射率、宝石的轴性和光性符号、近似折射率。

7.2.4.3 偏光镜

偏光镜可用于测定宝石的光性、轴性，以及用于光性验证性测试、多色性观察。

7.2.4.4 二色镜

二色镜主要用于观察宝石的多色性，主要用途有：a. 鉴定宝石的多色性；b. 区分均质性与非均质性宝石；c. 指导宝石的切磨与加工。

7.2.4.5 可见光分光镜

白色的平行光通过光栅后会被分解为连续的可见光谱色带——红、橙、黄、绿、蓝、靛、紫。宝石中所含的各种离子（过渡族元素、某些稀土元素、放射性元素）对可见光光谱有不同程度的选择性吸收，从而使得宝石的光谱吸收带、吸收线具有固定的吸收位置，可利用这一特点来鉴定宝石品种，帮助判断宝石致色的原因。

分光镜的主要用途有：a. 确定具有典型吸收光谱的宝石名称。例如锆石在 653.5nm 处具有典型吸收线。b. 确定宝石中的致色元素。例如红宝石、祖母绿显示由铬致色的谱线；橄榄石显示由铁致色的谱线；合成蓝色尖晶石显示由钴致色的谱线等。c. 区分某些天然宝石与合成宝石。例如合成祖母绿中铬含量大于天然祖母绿中的铬元素含量，导致合成祖母绿在 477nm 处具有明显的吸收线。d. 区分某些天然宝石与人工处理宝石。例如天然绿色翡翠在红区 690nm、660nm、630nm 显 3 条阶梯状吸收谱；染色翡翠（人工处理）则在红区显示模糊的吸收带。e. 区分某些宝石与仿宝石。例如红宝石显示铬的吸收谱线，而红玻璃显示稀土元素的吸收谱线；祖母绿显示铬的吸收谱线，而绿色钇铝榴石显示稀土元素的吸收谱线。

7.2.4.6 查尔斯滤色镜

查尔斯滤色镜（Chelsea colour filter）是一种只能透过红色和黄绿色的光，而吸收其他色光的特殊光学镜片，又称祖母绿滤色镜（emerald filter）或绿柱石镜（beryloscop）。

滤色镜主要是对绿色宝石、蓝色宝石以及某些染色宝石有一定的鉴定作用，尤其是对祖母绿、蓝宝石、翡翠、尖晶石和红宝石的鉴别。

7.2.4.7 紫外荧光灯

紫外荧光灯（ultraviolet lamp）是通过特殊灯管发出紫外线来激发宝石荧光和磷光的一种仪器，主要用途是鉴别宝石品种，区别某些天然宝石和合成宝石。

7.2.4.8 钻石热导仪

钻石热导仪（diamond beam）是利用钻石的散热速率极快（导热性能极好）这一特性来鉴定钻石和钻石仿制品的。天然宝石中，钻石的热导率最高，其次为红宝石和蓝宝石。钻石导热性能好，故热导率大，散热也快；而钻石仿制品和绝大多数宝石的热导率小，散热也慢。人工合成碳化硅的热导率仅次于钻石，故钻石热导仪不能鉴定钻石和人工合成碳化硅。

7.2.5 珠宝玉石的鉴定

7.2.5.1 钻石与仿制品的鉴定

钻石原石有很强的金刚光泽（肉眼观察具有“闪亮”刺眼的感觉），独特的晶体形态（八面体、立方体、菱形十二面体及其聚形）和晶面花纹（弯曲的晶面、三角形蚀像、阶梯状生长纹），极高的硬度，中等的相对密度、紫外荧光多样性的特征，可根据这些特征鉴别钻石原石。成品钻石可根据光泽或“火彩”、透视效应和亲油性试验鉴定。

钻石的仿制品主要有立方氧化锆（cubic zirconia）、合成碳硅石（synthetic moissanite）、合成金红石（synthetic rutile）、人造钛酸锶（strontium titanate）、人造钇铝榴石（yttrium aluminum garnet）、人造钆镓榴石（gadolinium gallium garnet）等，特征归纳见表 7-5。

表 7-5 钻石与仿制品的鉴别特征表

名称	化学成分	结晶特征	力学性质	光学性质	内含物特征
钻石	C	等轴晶系，常呈八面体	中等解理，硬度10，相对密度为3.52	分成三个系列，即无色至浅黄(灰)色系列、褐色系列和彩色系列。具金刚光泽，透明。折射率为2.417，色散值为0.044，具有很强的“火彩”。无色至浅黄色系列的钻石，在紫区415.5nm处有一吸收谱线。褐色系列钻石，在绿区504nm处有一吸收谱线。有的钻石可能同时具有415.5nm和504nm处的两条吸收线。天然蓝色钻石不显可见光吸收谱线。 钻石在紫外线、阴极射线和X射线照射下，具有不同的发光特征	钻石中常见的固态包裹体有金刚石、铬透辉石、镁铝榴石、橄榄石、铬尖晶石、锆石、金红石、石墨、绿泥石、黑云母、磁铁矿、铬铁矿、钛铁矿和硫化物(黄铁矿、磁黄铁矿、镍黄铁矿、黄铜矿)等。在显微观察中还可看到钻石的生长纹、解理纹等内含物特征
立方氧化锆	ZrO_2	等轴晶系，常呈块状	无解理，呈贝壳状断口。硬度8.5，相对密度为5.80	可呈现各种颜色。具金刚光泽，透明。折射率为2.15，色散值为0.060，具有很强的“火彩”。无色者短波下常呈弱至中橙黄色荧光，长波下呈中至强的绿黄或橙黄荧光。因致色元素不同，可呈现不同特征的吸收光谱	气态包体或裂纹。未完全熔化的面包屑状的氧化锆粉末，偶见旋涡状内部特征
合成碳硅石	SiC	六方晶系，常呈块状	无解理，摩氏硬度9.25，仅次于钻石，且晶体的韧性极好。相对密度为3.22	颜色呈无色或略带浅黄、浅绿色调。亚金刚光泽，透明。非均质体，一轴晶(+)。折射率为2.648～2.691，双折射率为0.043。切磨成圆钻琢型，具有很强的“火彩”。长波紫外线照射下，呈无色至橙色	内部可含有白线状细长的管状物、不规则空洞、小的SiC晶体、负晶及深色具金属光泽的球状物，可三粒或多粒呈线状排列，也可有呈云雾状、分散的针点状包体，气泡包体
合成金红石	TiO_2	四方晶系，常呈块状	不完全解理，摩氏硬度6～7，相对密度为4.26	颜色常见浅黄色，也可有蓝、蓝绿、橙色。亚金刚光泽至亚金属光泽，透明。非均质体，一轴晶(+)。多色性很弱，浅黄至无色。折射率为2.616～2.903，双折射率为0.287，具极明显重影现象。无紫外荧光，黄色和蓝色者在430nm以下全吸收。色散值高(0.330)，是所有宝石中色散最强的，强火彩	一般内部洁净，偶见气泡
人造钛酸锶	$SrTiO_3$	等轴晶系，常呈块状	无解理，硬度5～6，相对密度为5.13	颜色呈无色、绿色。玻璃至亚金刚光泽，透明。均质体，无紫外荧光。折射率为2.409，色散值高(0.190)，肉眼观察人造钛酸锶戒面时，几乎每一个小刻面均能反射出五彩缤纷的火彩	放大检查少见气泡，仔细观察，钛酸锶刻面宝石的腰围处有明显的擦痕，台面可发现有抛光细痕

续表

名称	化学成分	结晶特征	力学性质	光学性质	内含物特征
人造钇铝榴石	$Y_3Al_5O_{12}$	等轴晶系，常呈块状	无解理，摩氏硬度8，相对密度为4.50～4.60	常见颜色有无色、绿色(可具变色效应)、蓝色、粉红色、红色、橙色、黄色、紫红色。玻璃至亚金刚光泽。均质体，折射率1.833。无色人造钇铝榴石在长波紫外线照射下，呈无色至中等橙色；短波紫外线照射下，呈无色至中等红橙色。粉红色、蓝色人造钇铝榴石，无荧光。黄绿色人造钇铝榴石，具强黄色荧光，可具磷光。绿色人造钇铝榴石，在长波紫外线照射下呈强红色，在短波紫外线照射下呈弱红色。深绿色、浅粉红色及浅蓝色的人造钇铝榴石，在600～700nm有多条吸收线	内部洁净，偶见气泡
人造钆镓榴石	$Gd_3Ga_5O_{12}$	等轴晶系，常呈块状	无解理，摩氏硬度6～7，相对密度为7.05	颜色常见为无色至浅褐色或黄色。玻璃至亚金刚光泽。均质体，折射率1.970。在短波紫外线照射下，呈中至强的粉橙色荧光。色散值高(0.045)，具明显的火彩	可有气泡、三角形板状金属包裹体、气-液包裹体

7.2.5.2 红宝石和蓝宝石的鉴定

通过肉眼观察其颜色，有强玻璃光泽，聚片双晶纹。通过折射仪检测折射率为1.762～1.770，双折射率为0.008，具有明显的二色性。在滤色镜下观察，红宝石呈暗红色至红色，蓝宝石不变色。紫外线下蓝宝石无荧光，红宝石具红色荧光，不同产地的红宝石荧光强度不同。

7.2.5.3 祖母绿的鉴定特征

通过肉眼观察祖母绿颜色，祖母绿呈翠绿色或浓绿色。通过折射仪检测，折射率通常为1.577～1.583，祖母绿的折射率随碱金属含量的增加而增大，可低至1.565～1.570，高至1.590～1.599。双折射率为0.005～0.009，不同产地的祖母绿稍有不同。色散值0.014。在紫外线照射下，呈弱橙红色至红色的荧光。祖母绿具有典型的富铬宝石光谱，而且常光和非常光吸收光谱有明显不同。常光红区683nm、680nm、637nm处有吸收线，橙黄区以600nm为中心，在625～580nm范围有弱吸收带，蓝区477nm有一弱吸收线，紫区460nm全吸收。非常光线红区683nm处的一对吸收线较强，无637nm的吸收线，而在662nm、646nm处有几条分散的弱吸收线，蓝区无吸收线，紫区全吸收。不同地区出产的祖母绿，相对密度有一定的变化。

7.2.5.4 猫眼石的鉴别特征

猫眼效应是鉴别猫眼石的标志性特征。颜色有棕黄、蜜蜡黄色、浅黄色、绿黄色、褐黄。猫眼线细窄明亮。点测法测得折射率1.74。在蓝紫光区445nm处有一条强的吸收窄带，此吸收带具有诊断意义。相对密度 3.72。

7.3 贵金属首饰

7.3.1 贵金属

有色金属中密度大、产量少、价格昂贵的贵重金属称为贵金属。贵金属是金（Au）、银（Ag）、钌（Ru）、铑（Rh）、钯（Pd）、锇（Os）、铱（Ir）、铂（Pt）的统称，其中后六种元素又称为铂族金属元素。

许多世纪以来，贵金属因其具有价值高、体积小、化学性质稳定、重量与外形都不易变化等诸多优点，在很多行业中都得到了广泛的应用。贵金属材料是珠宝首饰及工艺品的主要基础材料。

7.3.2 贵重金属首饰的分类

7.3.2.1 黄金首饰

（1）纯金首饰

纯金首饰呈金黄色，光泽明亮但很柔和，摩氏硬度 2.5，密度 19.32g/cm^3（20℃），熔点 1064℃。纯金的延展性是所有金属中最好的，1g 纯金可拉成直径小于 0.001 mm、长度 100 cm 以上的金丝，锤成 9.6ft^2（1ft^2＝0.0929m^2）的金箔。按国际规定，凡是由贵金属制作的首饰，必须在首饰内侧打有印记，印记要求标出黄金的含量和出厂厂家。凡是含金量达 99％的称足金，含量达到 99.9％的称为千足金，足金和千足金均属纯金范畴。

（2）K 金首饰

“K 金”是对金子含量不同的黄金饰品的一种标识。K 金是指黄金和其它金属熔炼在一起的合金，因为合金的英文单词是 karat gold，所以简称为 K 金。根据在首饰中添加的金属数量不同，K 金中的黄金含量亦不同，24K 是指纯金，如果将纯金分为 24 份，则 1 份就是 1K，1K 的黄金含量是 4.1667％，如果是 18K，黄金含量就是 18×4.1667％＝75％。

① 黄色系列的 K 金首饰。黄色系列的 K 金首饰（简称 K 黄），是黄金和银、铜的合金，按金的含量可以制成不同 K 数的 K 金系列首饰，主要有 22K、18K、14K、10K 和 8K。黄色 K 金系列首饰颜色的深浅，与 K 金中金的含量和银、铜的比例有关。18K 黄金的颜色比 14K、10K 的黄金首饰颜色黄，而同样 K 数的黄金首饰，如果银比铜多黄色就浅，如果铜比银多黄色就深。

② 白色系列的 K 金首饰。白色 K 金系列的黄金首饰（简称 K 白），呈略带青黄的白色，印记均标有 WG 印记，按组合可分为以下两种：第一种以黄金为主，和银、镍、锌组合的合金，在商界都直呼为 K 白金。18K 的 K 金是由 75％的黄金和 25％的银、镍、锌组合而成。14K 的 K 白金是由 58.5％的黄金和 41.5％的银、镍、锌组合而成的合金。第二种以黄金和钯为主，再加上铜、镍、锌组成的合金，在国际上采用按每种金属在 K 金中所占的份额作为称谓的依据，目前只有两个品种，即 334K 白金是由 3 份钯和 3 份金加上 4 份铜、镍、锌组成的 K白金，226K 白金是 2 份黄金、2 份钯金和 6 份铜、镍、锌组

成的K白金。

③ 红色系列的K金首饰。红色系列的K金首饰是以黄金和铜为主，加入少量银的合金，颜色呈淡红色。

④ 彩色系列的K金首饰。彩色系列的K金首饰，是将不同颜色的K金压成薄片，按颜色不同相向排列，用锻压的方法，将薄片压制在一起而成。

(3) 包裹金首饰

① 镀金首饰。镀金分为两类：一类是同质材料镀金；另一类是异质材料镀金。同质材料镀金是指对黄金首饰的表面进行镀金处理。它的意义是提高首饰的光亮性及色泽。异质材料镀金是指对非黄金材料的表面进行镀金处理，如银镀金、铜镀金。它的意义是以黄金的光泽替代被镀材料的色泽，从而提高首饰的观赏效果。

镀金首饰是在其他金属表面用电镀的方法镀上一层黄金，但镀层一般都很薄，在3～5μm左右。这种镀金首饰光泽明亮、柔和，但不耐久，就像镀金表带一样容易磨损，会露出黄铜的坯胎，出现暗淡的黄色。这种镀金首饰比较容易识别，仔细观察在首饰的结合处或棱角的凹陷处，会有没有镀上金的地方；再者它的密度小，用手掂比较轻，无坠手感，垂落在地面有清脆“当啷”声，弹性好，会跳动。镀金首饰的标记是“GP”或者“KP”。

② 包金首饰。包金在美国也称为填金。包金首饰是在铜或银片上压上一层金箔，金箔的厚度为10～50μm，由于包金首饰金箔的厚度比镀金厚，外表与黄金首饰相似。这种包金首饰在美国都打有KF的印记，如果金箔是18K金，就在首饰内侧打上18KF印记。

③ 鎏金首饰。鎏金是一种古老的镀金工艺，是在铜、银等价值较低的首饰上均匀地涂上一层金与汞的混合稠浆，然后在低温下烘烤，汞遇热蒸发，金则附着在铜的表面，然后压平、抛光而成。

(4) 仿金首饰

① 铜首饰。铜首饰主要有：紫铜首饰含铜85%、锌15%；黄铜首饰含铜55%～85%、锌15%～45%；青铜首饰含铜80%～95%、锡5%～20%。

② 镀铜首饰。镀铜首饰以铜为坯胎，表面镀上一层纯铜，由于镀层在表面展布均匀光洁，所以色泽美观，但其特点与铜首饰完全一样。

③ 稀金首饰。稀金首饰是在黄铜中加入稀土元素（镧、铈、钐、钜、铩）熔炼的合金。

④ 钛金首饰。现在有一种镀钛工艺，是将纯钛片放在氮气、乙炔气中燃烧，这时如果将铜等合金放入其中，表面可附着一层金黄色的氮化钛薄膜，薄膜厚度一般在1～2μm。

7.3.2.2 铂金首饰

铂金首饰的密度很大，为21.45g/cm^3，是白银密度的二倍，是18K金密度的1.5倍多。目前市场上销售的铂金首饰，是以铂为主的铂钯合金。铂金首饰的含铂量，在日本为75%～90%，而在欧美必需达到95%，在中国足铂金中铂含量为90%。为了和K白金区别，铂金首饰的印记要求较严，要求有铂的化学符号PT、铂金含量数字和厂字，如亚洲一般印有PT900加厂字，在购买时要留意查看是否有印记。

7.3.2.3 银首饰

银是亚洲人酷爱的贵金属首饰，它的密度为11.29g/cm^3，硬度为2.7；为了提高其硬度，在做首饰时需要在银中加入7.5%的铜，这种含银92.5%、铜7.5%的合金，国际上称为标准银。为了区别，一般在首饰打上“S”的印记，但也有不打的。

7.3.3 贵金属材料及金银饰品的常规检测方法

贵金属材料的分析测试结果能有效地指导贵金属及其合金材料在首饰制品中的应用，对首饰鉴定、评估、市场营销等领域所起的作用也十分重要。

贵金属的检测一般分为定性检测和定量检测两种：检测样品是否为贵金属，属于哪一种贵金属，为定性问题；检测贵金属的成色含量，确定其中贵金属的百分比，为定量问题。

贵金属材料的检测方法很多，主要包括传统的简单方法和现代大型仪器测试方法两大类。传统的方法有目测法、辨色法、掂重法、密度法、试金石和对金牌法、听音韵法、试硬度法等。现代大型仪器主要包括微束技术和谱学技术两大部分：微束技术的仪器有电子探针、透射电子显微镜、扫描电子显微镜、电子能谱仪等；谱学技术包括X射线荧光光谱、红外光谱、拉曼光谱、X射线衍射等。本节仅对贵金属首饰的简易鉴别方法进行介绍。

7.3.3.1 色泽观测法

色泽观测法是通过肉眼来观察贵金属饰品的颜色，以此来鉴定贵金属饰品的真假与成色。黄金的颜色随其金含量的多少而变化，因贵金属饰品的色泽与饰品的成色有很好的对应关系。民间有口诀，“七青八黄九五赤”“黄白带赤对半金”，意思就是：成色在95%以上的黄金为赤黄色，是黄金中的佳品；成色在80%左右的黄金为正黄色；成色在70%左右的黄金为青黄色；成色在50%左右的黄金为黄白略带灰色。

银料或银首饰也有上述特点，即纯度越高，色泽越细腻洁白，越均匀光亮。色泽白中带青灰色的是含铅的银料或银首饰；含铜的银料或银首饰，质感粗糙，有干燥感，不似纯银般细白光润。

铂首饰随着其纯度变化，大致可呈现三种颜色：本色呈青白微灰色，成色较高；呈青白微黄色的成色较次，含有金或铜的成分；呈银白色的成色较次，含有较多银成分。

7.3.3.2 掂试轻重法

掂试轻重法是用手掂试饰品的重量（质量），凭经验来估测饰品密度。一些金属的密度见表7-6。

表7-6 一些金属的密度

金属名称(元素符号)	铂(Pt)	银(Ag)	金(Au)	铜(Cu)	铝(Al)	钢
密度/(g/cm^3)	21.45	10.53	19.32	8.90	2.70	7.85

从表7-6可以看出，铂饰品的密度比银饰品的密度大，因此，相同体积的铂金饰品，其重量明显大于白银饰品，约高出一倍。同样，金饰品的密度比铜饰品的密度大，且大约是铜饰品的2.16倍。根据这种重量差异，饰品在手中的感觉显然是铂金沉、黄金重，银、铜饰品轻。如俗话所说：“沉甸甸是铂或金，轻飘飘是银或铜”。

铝、银、铜、钢的密度相比，铝最小，银最大，铜、钢不小也不大。有口诀就表明银饰品与铝饰品或不锈钢饰品的区别：“铝质轻，银质重，铜、钢不轻也不重。”所以说：“不疑轻，不疑重，就疑不轻不重和鼓空。”

7.3.3.3 弯折软硬法

弯折软硬法又称扳，是通过弯折首饰的难易程度来识别首饰的成色高低和贵金属材料的类别。

黄金、白银、铂金、铜的硬度依次增强。

黄金性质柔软，延展性极好，纯金易弯不易断；铜制品或成色低的金饰品不易弯，但易断，也就是说含杂质较多的金饰品，弯折两三次就断了。金饰品成色越高，鱼鳞纹越明显。99%以上成色的金饰品，弯折两三次后，弯折处出现皱纹，也叫鱼鳞纹；90%左右成色的金饰品，弯折时感觉硬，鱼鳞纹不明显；75%左右成色（18K）的金饰品，弯折时很硬，没有鱼鳞纹。可以从弯折时的鱼鳞纹明显程度，估计金饰品的成色。

白银较黄金硬，以一只60g左右的银镯子为例，用手拉时没有弹力，一拉即开，其成色在95%左右；如稍有弹力，则成色约在80%～85%；如弹力较大，成色就在70%以下。银饰品越有弹力，成色越低。

铂金较白银硬，铂首饰既硬又韧，富有弹性，不易有划痕。

7.3.3.4 火烧测试法

成色低的首饰经火烧会变色。金的熔点1064℃，铂的熔点1772℃，利用金、铂熔点高故耐高温的特性来鉴别金、铂首饰的真伪称为火烧测试法，即烧。俗话说“真金不怕火炼”，贵金属有耐高温、抗腐蚀的性能，尤其是黄金，用炉火（一般为800℃左右）或汽油喷灯灼烧成色高的金首饰或铂首饰，一般不熔化、不氧化、不变色。银首饰火烧后冷却，颜色变成润红或黑红色。

7.3.3.5 听音韵、看弹力法

听音韵、看弹力法是通过听首饰落地的声音及弹力来鉴别首饰成色高低，即听。

将金、铂首饰自然落于硬质水泥地上，金或铂首饰发出低闷的响声，弹力较小，弹力越大、音韵越长，则成色越低。选1m的高度，使饰品自然落地，纯金弹跳一般不超过三次，如超过三下者，有可能是不纯的黄金或不是黄金饰品。足银或高成色银饰品密度大，质地柔软，落在台板上弹跳不高；假银或低成色银则质量轻，密度小，硬度大，弹跳较高。

7.3.3.6 商号戳记法

贵金属饰品属于高档消费品，经营者为了塑造美好的信誉形象，一般都会在饰品上镌有饰品的产地、店名、成色字样。我国黄金饰品加工和销售目前还是实行中国人民银行专管制度。凡具有加工金饰品的单位都应申请加工厂戳记。例如上海珍宝银楼有限公司生产的饰品上都打上“上宝”的戳记；江苏省南京宝庆首饰总公司的戳记为“GC或宝庆”等。凡是正规厂家加工的金饰品，其成色一般都能保证。看产地和戳记法也是鉴别金饰品成色的有效方法之一。

白银饰品一般有厂地印鉴与成色印鉴两种。我国以千分数、百分数或成数加“银”字表示成色，如“800银”“80银”“八成银”等都表示银的成色不低于80%。国际上通常以千分数打“S”或“Silver”字样表示，如“800S”“80Silver”等。还有一种镀银材料印鉴，国际上多用“SF”（即Silver Fill）表示。这样，正确地辨识印鉴就可以鉴定饰品是否是白银以及银的成色高低。

98银英文标识为980S，表示含银量98%、含紫铜2%的银首饰。

92.5银，也就是我们常说的925银，英文标识为925S，表示含银量92.5%、含紫铜7.5%的银首饰。

80 银又称为潮银，英文标识为 800S，表示含银量 80%、含紫铜 20%的银首饰。

990 银足银、999 千足银英文标识为 S990、S999，这类银饰是所有银饰中纯度最高的，因而也最为柔软，一般都做手镯、较大的戒指等传统工艺的银饰。

7.3.4 金银饰品佩戴过程中的注意事项

黄金饰品和白银饰品在佩戴过程中是有讲究的，佩戴不当会造成饰品的变色、扭曲、断裂、腐蚀等，有损于饰品质量。

7.3.4.1 黄金饰品佩戴过程中的注意事项

黄金饰品在佩戴使用过程中一般情况下不会发生变色、断裂或腐蚀现象，具有抗氧化、耐腐蚀的优良特性。但是，黄金饰品也有它“虚弱”的方面，在佩戴使用黄金饰品的过程中，如果佩戴不当，各种异常现象会“乘虚而入”。黄金饰品佩戴过程中遇到的各种问题，其主要原因如下。

（1）与含汞的化妆品有关

黄金具有吸收水银的特性，所以一遇水银便呈现白色外观。女士使用的多数化妆品中常含有增白功能的水银成分，当擦有化妆品的肌肤与金首饰接触时，金饰品将吸收化妆品中的微量汞，时间久了，金饰品也就“变白”了。值得一提的是含有银或铜的 K 金饰品与水银接触时也会变成白色。

（2）与风沙有关

由于黄金饰品质地柔软，表面极易被硬物刮伤起“刺”。在风沙季节里佩戴金饰品时，风沙中的石英砂硬度远高于黄金的硬度，久而久之饰品的表面将失去光泽。

（3）与含硫化合物、含氯化合物有关

K 金饰品或多或少含有金属银、铜，当在含硫化物的环境中佩戴 K 金饰品时，微量硫与 K 金饰品中的银或铜接触，都会使饰品表面生成黑色的硫化物。生活中能接触到硫的有空气、化妆品中的硫化物添加剂、硫黄香皂等洗涤用品和香水等。

氯离子对 K 金饰品中的银也有一定的影响。人体排出的汗水中含有氯化物，因此，夏天多汗季节不宜将 K 金饰品贴身佩戴。自来水中含有一定浓度的漂白粉（主要成分为次氯酸），故不宜佩戴 K 金饰品沐浴。K 金饰品遇含氯物质时，应及时用清水漂洗干净，然后用软布揩干。在 K 金饰品表面涂一层无色的指甲油，可以对 K 金饰品起到一定的保护作用。

7.3.4.2 白银饰品佩戴过程中的注意事项

白银饰品佩戴过程中遇到的变色问题，其主要原因如下。

① 与化妆品有关。化妆品中含有汞、硫等，硫和银作用生成黑色的硫化银，因此在含硫的环境中不宜佩戴白银饰品。

② 与空气有关。空气中的微量硫化氢、臭氧等，都会与银发生化学反应。硫化氢与银作用生成黑色的硫化银，臭氧与银作用生成灰黑色的氧化银。因此，银饰品或银器在空气中放久了，表面就会渐渐变为暗色甚至黑色。

③ 与自来水有关。在自来水厂，常用漂白粉或氯气净化自来水，因此，自来水中含有较高浓度的氯离子，氯离子对白银有侵蚀作用，使白银生成白色氯化银，影响银饰品表面的光泽，因此，不宜佩戴白银饰品进入浴池或进行淋浴。

④ 与洗衣粉有关。洗衣粉中含有漂白剂，漂白剂的主要成分含氯，故洗衣粉对白银饰

品有一定的腐蚀作用。在使用有漂白功能的洗衣粉时，尽量取下银饰品。

⑤ 与汞（水银）有关。水银是常温常压下唯一呈液态的金属，室温下即可蒸发，汞蒸气有毒。银与汞会发生作用，使银饰品表面受到腐蚀，工作和生活中要注意避免银与汞接触。医务工作者在使用体温计时、病人在测量体温时、化学实验室中的工作人员在使用温度计时都要特别小心。

参考文献

[1] 冠子和梳子：宋朝女子独特的头饰品 [OL]. [2023-03-13]. https：//baijiahao. baidu. com/s? id= 1684387859355635093.

[2] 陈彩凤，王安东．珠宝材料概论 [M]. 北京：中国轻工业出版社，2012.

[3] 李娅莉，薛秦芳．宝石学基础教程 [M]. 北京：地质出版社，2002.

[4] 杨如增，廖宗廷．首饰贵金属材料及工艺学 [M]. 上海：同济大学出版社，2002：1，5，73-74，80-82，143，151-152，167-168.

[5] 申柯娅，王昶，袁军平．珠宝首饰鉴定 [M]. 北京：化学工业出版社，2017.

[6] 中华人民共和国国家质量监督检验检疫总局，全国珠宝玉石标准化技术委员会．GB/T 16552—2017 珠宝玉石 名称 [S]. 北京：中国标准出版社，2017.

[7] 中华人民共和国国家质量监督检验检疫总局，全国珠宝玉石标准化技术委员会．GB/T 16553—2017 珠宝玉石 鉴定 [S]. 北京：中国标准出版社，2017.

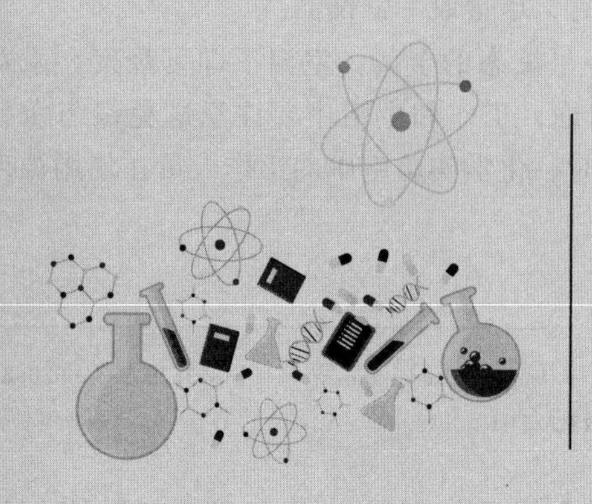

第8章

洗涤用品与化学

洗涤是采用物理和化学并用的方法，将不需要的物质或有害物质从被洗物上除掉，从而使物品洁净的过程，用于洗涤的制品叫洗涤用品。洗涤用品也可以理解为洗涤物品时，能改变水的表面活性，提高去污效果的一类物质，包括合成洗涤剂和肥皂，有时也统称为洗涤剂。

洗涤的过程就是去污的过程。去污的范围很广，如洗衣服、洗碗、洗菜、洗澡、清洗卫生间、洗玻璃、洗车等。日常生活中的去污主要是指衣物的去污，这是洗涤用品最主要的功能。日用器皿、餐具和水果蔬菜等的洗涤也属于去污，但习惯上称为清洗，所用的洗涤用品则称为清洗剂。洗涤用品有不同的分类方法，其中一种认为洗涤用品主要包括 6 类，即肥皂、洗衣粉、洗发香波、织物洗涤剂、餐具洗涤剂、硬表面清洗剂。

8.1 洗涤剂与表面活性剂

在设计去污洗涤用品时，要考虑必需的活性成分和辅助成分两个部分，作为活性成分的是表面活性剂。

8.1.1 表面活性剂概述

表面活性剂是一种能显著降低液体表面张力的物质。现在以洗涤常用的水为例，说明表面张力的存在。

在水的内部，每个水分子都均匀地被邻近的水分子包围着，如图 8-1 中的 a 所示，使来自不同方向的力相互抵消，水分子处于力平衡状态。

处于液体表面的水分子却不同，如图 8-1 中的 b 所示，水的外部是气体，气体的密度小于水的密度，故水面分子受到来自气体分子的吸引力较小，而受到水内部分子的吸引力较大，使它在向内、向外两个方向受到的吸引力不平衡。这样使表面分子受到一个指向水内部的拉力。由于这个净拉力的存在，表面的水分子有离开表面进入液体内部的趋势，从而使水表面具有表面张力，宏观上表现为水有自动收缩的趋势，例如洒在荷叶上的水滴都呈球形，草叶上的露珠也呈球形，自来水龙头上的水滴也呈球形等，如图 8-2 所示。这种使水表面自动收缩的力即为表面张力。

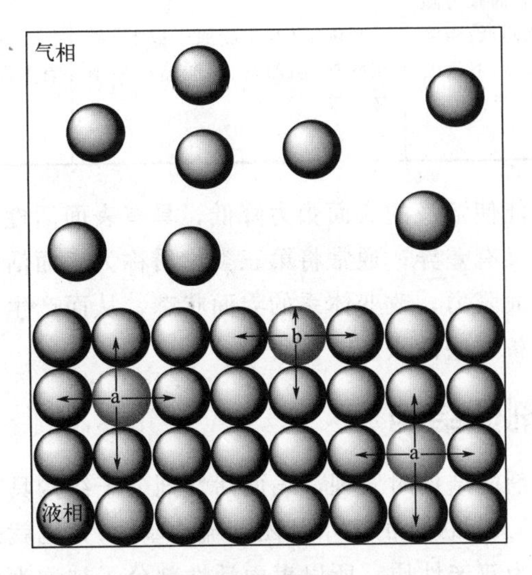

图 8-1 水的表面张力的产生

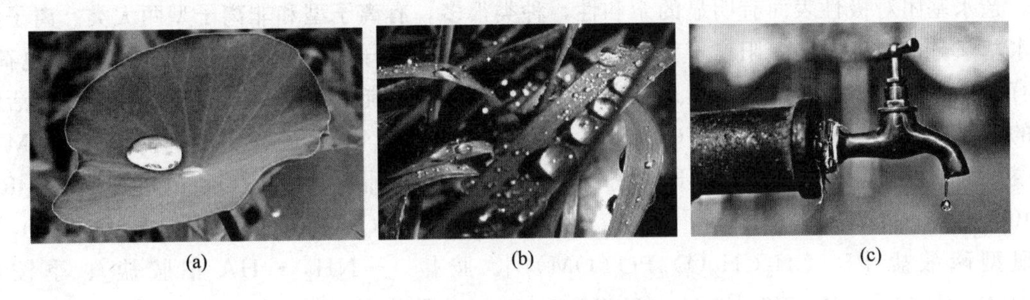

图 8-2 生活中展现水的表面张力的图片

液体的表面张力是液体的基本物理性质之一，任何液体在一定条件下均有一定的表面张力。也就是说，在一定的温度和压力下，液体的表面张力是一个恒定的数值。例如在 20℃下，水的表面张力为 72.8mN/m，液体石蜡和乙醚的表面张力都比水的小，分别为 33.1mN/m 和 17.1mN/m。但是，溶液与纯液体不同，因为溶液含有溶剂和溶质两种不同的分子，不同的溶质性质不同，即使是相同的溶质，浓度不同，溶液的表面张力也有所差异。科学家将各种不同的物质分别溶解于水中，测定不同浓度下水溶液的表面张力，并依据物质水溶液的表面张力随浓度的变化曲线把物质分为三类，见表 8-1。

表 8-1 依据表面张力对不同物质进行的分类

类别	表面张力随浓度的变化	举例	表面活性	分类
第一类	溶液的表面张力随溶质浓度的增大而稍有上升，但几乎为直线	无机盐如氯化钠、硝酸钾等；碱如氢氧化钾、氢氧化钠等；多羟基有机物如蔗糖、甘露醇等	无表面活性	非表面活性物质
第二类	溶液的表面张力随溶质浓度的增大而逐渐降低	低分子量的极性有机物，如醇、醛、酮、脂肪酸等	有表面活性	表面活性物质

续表

类别	表面张力随浓度的变化	举例	表面活性	分类
第三类	浓度较低时，溶液的表面张力随溶质浓度的增大而急剧降低；当溶液的浓度达到一定值以后，溶液的表面张力随溶质浓度的变化很小甚至不变	长碳链（八个碳原子以上）的羧酸盐、磺酸盐、硫酸酯盐和季铵盐等	有表面活性	表面活性物质

第二类、第三类物质能使溶液的表面张力降低，具有表面活性，属于表面活性物质。但是这两类物质的表面活性又有差异，通常将第三类物质称为表面活性剂，即在水中加入很少量，就能显著降低水的表面张力，改变体系的界面状态，从而产生湿润、增溶、乳化、发泡等作用。第二类物质不具备这些性质。

8.1.2 表面活性剂的结构

研究第三类表面活性剂的结构时发现，表面活性剂分子结构具有双亲性——既有非极性的亲油基团（疏水基团），又有极性的亲水基团（疏油基团），也就是说表面活性剂分子既亲水又亲油，这样的性质称为双亲性质，所以表面活性剂分子被称为双亲分子。那么，哪些基团具有亲水性，哪些基团具有亲油性呢？

亲水基团对极性表面有明显的亲和性，种类很多，有离子型和非离子型两大类。离子型亲水基又分为阴离子型、阳离子型、两性离子型三种。离子型在水溶液中能离解为带电荷、具有表面活性的基团及平衡离子；非离子型在水溶液中不能离解，仅具有亲水性。表面活性剂的亲水基一般包括羧酸盐（—COOM）、磺酸盐（$—SO_3M$）、硫酸（酯）盐（$—SO_4M$）、聚醚硫酸（酯）盐［$RO(CH_2CH_2O)_n$-SO_3M］、磷酸（酯）盐［$(RO)_2POOM$］或［$ROPO(OM)_2$］、亚磷酸（酯）盐［$(RO)_2POM$］或［$ROP(OM)_2$］、膦酸盐［$RPO(OM)_2$］、聚醚型磷酸盐［$R(CH_2CH_2O)_nPO(OM)_2$］、胺盐［$—NH_2$ · HA 伯胺盐］、季铵盐［$NR^1R^2R^3R^4X$］、氨基酸［$—N^+H_2CH_2COO^-$］、甜菜碱［$—N^+(CH_3)_2CH_2COO^-$］、羟基［—OH］、醚键、其他极性键。

亲油基团对水没有亲和性，不溶于水而溶于油，主要是烃类。烃有饱和烃和不饱和烃两类，饱和烃包括直链烷烃、支链烷烃和环烷烃，其碳原子数大多在8～20范围内；不饱和烃包括脂肪烃和芳香烃。这些亲水基团、亲油基团将在后面的实例中教大家认识。

8.1.3 表面活性剂的分类

目前，全世界表面活性剂的品种超过2万余种，我们可以从不同的角度、运用不同的方法对表面活性剂进行分类。

按表面活性剂的应用分类，可分为润湿剂、乳化剂、增溶剂、发泡剂、分散剂、去污剂、抗静电剂、破乳剂、消泡剂等。这种分类方法突出了表面活性剂的用途，但没有显示表面活性剂的化学结构，同一结构的表面活性剂在不同体系时的作用不一样。

按表面活性剂离子类型分类，分为离子型和非离子型两大类。溶于水能离解成离子的叫离子型表面活性剂，不能离解成离子的叫非离子型表面活性剂。在离子型表面活性剂中，按其在水中生成的表面活性剂离子种类，又可以分为阴离子表面活性剂、阳离子表面活性剂和两性离子型表面活性剂三大类。此分类方法的优点是反映出化学结构与性能的关系。

按照表面活性剂的元素组成分类，可分为常规表面活性剂和特种表面活性剂。表面活性剂中无论种类还是产量最大的都是由碳、氢组成的亲油基和由含氧、氮、硫等元素组成的亲水基直接连接所形成的常规表面活性剂。与此相对应的是结构特殊，含有其他元素如硅、硼、氟、锗等，产量小，性能独特的表面活性剂，称为特种表面活性剂。

按照表面活性剂的性能特点分类，可分为常规表面活性剂和功能性表面活性剂。例如具有降低表面张力、聚集形成胶束、润湿、乳化、分散等基本表面性能的表面活性剂为常规表面活性剂。例如除了普通表面活性剂所具有的一般性质外，还具有一些特定结构和性质，它在某些方面表现出一些特有的功能，如杀菌性、螯合金属离子等，称为功能性表面活性剂。

还有的按照应用领域进行分类，如表面活性剂在电子与信息技术领域中的应用、在生物工程和医药技术领域中的应用、在新材料领域中的应用、在现代农业技术领域中的应用、在新能源与高效节能技术领域中的应用、在环境保护新技术领域中的应用、在其他技术领域中的应用（如新型分离技术中的应用、成型加工中的应用、核工业中的应用、选矿工业中的应用等）。按照应用领域进行分类，也有人把表面活性剂分为在油田工业中的应用、在日用化学工业中的应用、在食品工业中的应用、在纺织工业中的应用、在造纸工业中的应用、在水泥工业中的应用、在金属加工工业中的应用、在农业中的应用、在高新技术领域中的应用、在纳米科技中的应用、在环境科学中的应用、在医药和生物技术中的应用、在化学研究中的应用等。

8.1.4 表面活性剂的基本性质和作用

由于表面活性剂既有亲水的极性基团，也有亲油的非极性基团，当表面活性剂溶于水后，由于亲水基团被水分子吸引指向水，疏水基团被水分子排斥指向空气，当浓度较低时，表面活性剂以单个分子形式存在，这些分子聚集在水的表面上，使空气和水的接触面积减小，引起水的表面张力显著降低。随着水溶液中表面活性剂浓度的增大，表面活性剂分子在水溶液中发生自聚（或称为自组装、自组），形成多种不同结构、形态和大小的聚集体——胶束和囊泡，使界面性质发生变化。表面活性剂的这种“双亲”结构决定了其具有润湿、分散、乳化、增溶、发泡、去污等作用。

8.1.4.1 胶束的形成

表面活性剂分子溶于水中时，表面活性剂的亲油基因其疏水的特性，有逃离水相的趋势；而表面活性剂分子中的亲水基则要尽可能溶解在水里，这又使表面活性剂无法完全逃离水相，其平衡的结果是表面活性剂分子的亲油基朝向空气，而亲水基插入水相。随着表面活性剂在溶液中浓度的增大，表面活性剂分子会在溶液表面上富集，当表面活性剂在水中的浓度达到临界胶束浓度（critical micelle concentration，CMC）时，表面活性剂分子会在水溶液中以疏水基向里相互靠拢，亲水基朝外指向水的形式聚集在一起形成胶束。表面活性剂在溶液中的浓度从极稀到稀，再到临界胶束浓度的表面如图 8-3 所示。

胶束的形成对洗涤液的性能包括表面活性、导电性、溶解性、乳化性等都有重要意义。一般洗涤剂的应用浓度在临界胶束浓度时，其去污效果最佳。不同表面活性剂具有不同的 CMC 值，一般情况下，表面活性剂的疏水基越长，其疏水作用越强，CMC 值越小；表面活性剂的亲水基团数越多，亲水性越好，CMC 值越大。

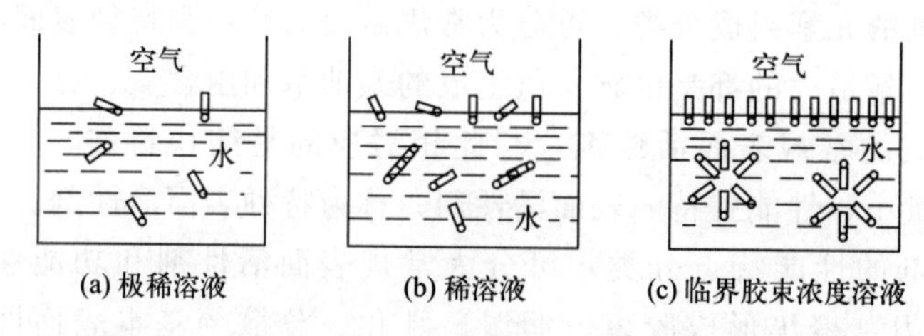

图 8-3　不同浓度的表面活性剂在水中的存在形式

8.1.4.2　囊泡的形成

表面活性剂分子溶于水中时，在疏水作用的驱动下，自发形成疏水基朝内、亲水基朝外的有序结构。其中一种形成胶束，如前所述；另一种是双分子层，双层结构封闭起来即形成囊泡。

许多天然和合成的表面活性剂及在水中不能简单地缔合成胶束的磷脂分散于水中时，会自发形成被称为囊泡或脂质体的封闭双层结构。囊泡是由两个两亲分子定向单层尾对尾地结合成封闭的双分子层所构成的外壳，和壳内包藏的微水相构成。从结构上看，脂质体或囊泡可分为两类，即单层的囊泡和多层的囊泡。只含有一个水室的囊泡是单室囊泡；多室囊泡则是封闭双分子层形成同心球式的排列，中心及各个双层中间均为水室，如图 8-4 所示。

8.1.4.3　表面活性剂的润湿作用

润湿是一种界面现象，也是一种表面变化过程，它是指凝聚态物体表面上的一种流体被另一种与其不相混溶的流体取代的过程。因为日常生活中我们所说的润湿经常是指水或水溶液润湿了衣服，所以说润湿也可表述为衣服表面吸附的气体被水或水溶液等液体所取代，即当衣服与水或水溶液接触时，原来的气/固（空气/衣服）界面、液/气（水/空气）界面消失，形成新的固/液（衣服/水）界面，也可以简述为：原来衣服的表面是空气，后来衣服的表面是水，这种固体（衣服）表面上的气体（空气）被水或水溶液所代替的过程叫润湿。Osterhuf 和 Bartell 最早将润湿现象分为三种类型，即沾湿、浸湿、铺展。

① 沾湿。指液体与固体接触时，原有的液/气界面和固/气界面被固/液界面所取代的过程。在此过程中消失的固/气界面的大小与其后形成的固/液界面的大小是相等的，见图 8-5(a)。

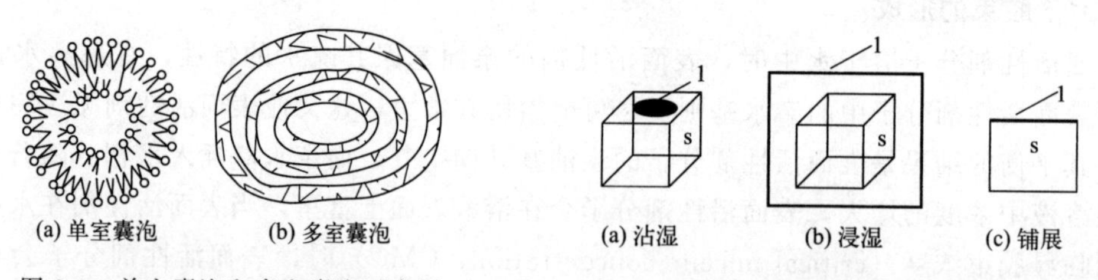

图 8-4　单室囊泡和多室囊泡示意图

图 8-5　润湿的三种类型

② 浸湿。是固体完全浸入液体中，原有的固/气界面完全为固/液界面所代替的过程，见图 8-5(b)。洗衣服时把衣服浸泡在水中或水和洗涤剂形成的溶液中，就是这种情况。

③ 铺展。是当液体与固体表面接触后，液体自动在固体表面展开后排挤掉原有的气体，铺展过程中固/气界面消失的面积与增加的固/液界面面积相等，同时形成了等量的气/液界面的过程，见图 8-5(c)。

不论何种润湿过程，其实都是界面性质及界面能量的变化过程。因此，润湿作用实质上是一种表面变化过程。

那么，具有什么样的界面能让固体容易被润湿呢？科学研究表明，在其他条件不变的情况下，固体表面能越高，即 r_{sg}(表示固/气界面张力）越大，越易润湿，即高能表面固体比低能表面固体易于润湿。真正在界面自由能和界面张力之间架起桥梁的是1805年Young提出的润湿方程，如式(8-1) 所示。

$$\gamma_{sg}-\gamma_{sl}=\gamma_{lg}\cos\theta \text{(润湿方程)} \tag{8-1}$$

润湿方程也称为 Young 氏（杨氏）方程，是研究润湿过程最早的方程。润湿方程中 θ 为接触角；γ_{sg}、γ_{sl}、γ_{lg} 分别代表固/气、固/液、液/气界面张力。

现在一固体表面上滴一滴不同组成的液体，会呈现四种情况，如图8-6所示：(a) 为完全润湿；(b) 为部分润湿；(c) 为基本不润湿；(d) 为完全不润湿。

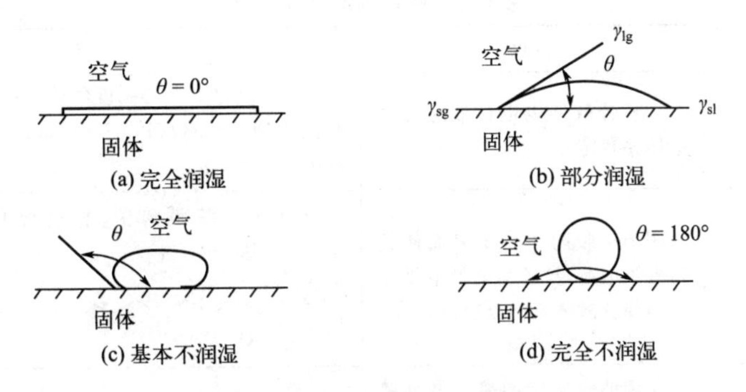

图 8-6 不同润湿程度与接触角的关系

从图8-6可分类出，$\theta>90°$称为不润湿，$\theta<90°$称为润湿。

固体表面能的测定比较困难，只能知道一个范围。一般液体的表面张力都在0.1N/m以下，我们把表面张力大于0.1N/m的固体称为高能表面固体，如金属及其氧化物、硫化物、无机盐等无机固体；表面张力小于0.1N/m的固体称为低能表面固体，如有机固体、高聚物等。高能固体表面如遇一般的液体，体系表面的吉布斯自由能将有较大降低，故可以被一般的液体润湿；低能固体表面一般润湿性能不好。借助表面活性剂来润湿物体的作用叫润湿作用，帮助润湿作用发生的表面活性剂叫润湿剂。例如纺织纤维是一种多孔性物质，有着巨大的表面，当液体沿着纤维铺展时，会渗入纤维的空隙里，并将空气驱赶出去，把原来的空气-纤维接触面变成了液体与纤维的接触面，这就是一个典型的润湿过程。洗衣服时把纤维材质的衣服放入水中就是这种情况。作为润湿剂的表面活性剂应具有强的降低表面张力的能力，但并不是所有能降低表面张力的活性剂都能提高润湿性能。这是因为固体表面通常带有负电荷，易于与带相反电荷的阳离子表面活性剂相吸附，形成亲水基朝向固体，亲油基朝向水的单分子膜，反而不易被水湿润，所以阳离子表面活性剂很少作润湿剂，而阴离子表面活性剂和某些非离子表面活性剂适合作润湿剂。

现在我们来看生活中的例子。被油脂弄脏的衣服用纯净的水不容易润湿，但在水中加入合成洗涤剂很快就会被润湿，这是因为被弄脏的衣服上有疏水性的油脂，水的表面张力比较大，使得水滴在油脂表面力图保持球形，因此水滴不能在衣服表面上扩展开来，也就无法润湿织物。但是在水中加入洗涤剂后，洗涤剂分子可以吸附在水的表面上，使水的表面张力大大降低，水就容易在衣服表面上扩展，甚至还能渗透到纤维的微细孔道中。

润湿作用对洗涤剂而言是一项重要指标，它并不起去污作用，但对织物的去污力极为重要。优良的洗涤剂都有良好的润湿性能。除了表面张力外，影响润湿性能的其他因素有以下几种：表面活性剂的结构、温度、浓度，pH 值。其他如固体表面的结构和粗糙程度、液体的黏度、电解质的加入等因素也都能影响表面活性剂的润湿性能。

8.1.4.4 表面活性剂的分散作用

分散是指将固体粒子分散于固体、液体或气体等介质中的过程。广义上讲固体物质粉碎并分散于介质中的作用称为分散作用。一般不溶性固体如尘土、烟灰、污垢一类的颗粒在水中容易下沉，当在水中加入表面活性剂后，就能使固体粒子分割成极细的微粒而分散悬浮在溶液中，这种促使固体粒子粉碎、均匀地分散于液体中的作用，叫分散作用。凡具有促进固体分散于介质中的作用的物质叫分散剂。分散剂的常用分类见表 8-2。

表 8-2 分散剂的常用分类

类别		特点	例子
无机分散剂		无机分散剂以电荷效应使分散体系稳定	主要是弱酸或中等强度弱酸的钠盐、钾盐和铵盐；多磷酸盐如钠盐 $NaO(PO_3Na)_nNa$；聚硅酸盐如钠盐 $NaO(SiO_3Na_2)_nNa$
低分子量有机分散剂	阴离子型	阴离子吸附于粒子表面使其带有负电荷，粒子间的静电排斥作用使分散体系得以稳定	亚甲基二萘磺酸钠、直链烷基苯磺酸盐（LAS）、十二烷基琥珀酸钠、十二烷基硫酸钠 $\left(Na^+\ {}^-O-SO_2-O-(CH_2)_{11}CH_3\right)$、磷酸酯
	阳离子型	在亲油介质中阳离子型分散剂电荷端基吸附于负电性粒子表面，碳氢链留在介质中，使分散体系稳定	在水中引起絮凝、价格高、对介质 pH 敏感，应用受限
	非离子型	以亲油基团吸附，而亲水基团形成包围粒子的水化层	烷基酚聚氧乙烯醚、脂肪醇聚氧乙烯醚、聚氧乙烯脂肪酸酯、磷酸酯
高分子分散剂		利用吸附层效应使分散体系稳定	聚丙烯酸、聚甲基丙烯酸、聚乙烯醇
天然产物分散剂		—	包括聚合物和低分子量的物质：磷脂（如卵磷脂）、脂肪酸（如鱼油）

8.1.4.5 表面活性剂的乳化作用

乳化是指两种不相混溶的液体（如水和油）中的一种（如油）以极小的球状微粒均匀地分散到另一种液体（如水）中形成乳状液的过程（也可以是水分散到油中形成乳状液的过程）。换句话说，乳化就是乳状液的形成过程。那么，什么是乳状液呢？乳状液是由两种不相混溶的液体，如水和油所组成的两相体系，其中一种液体（如油）以球状微粒分散于另一种液体（如水）中所组成的体系。分散成小球状的液体称为分散相或内相；包围在外面的液体称为连续相或外相。当油是分散相，水是连续相时，称为水包油（表示为油/水或 O/W）型乳状液，也就是油少水多；反之当水是分散相，油是连续相时，称为油包水（表示为水/油或 W/O）型乳状液，也就是油多水少。不相溶的油和水两相借助机械力的振荡搅拌之后，会使某一相呈小球状分散于另一相之中形成暂时的乳状液。这种暂时的乳状液是不稳定的，经过一定时间的静置后，分散的小球会迅速合并，从而使油和水重新分开成为两层液体。在上述不稳定的乳状液中加入某种物质，能显著降低分散物系的界面张力，在其微液珠的表面上形成薄膜或双电层等来阻止这些微液珠相互凝结，增大乳状液的稳定性。这种能够帮助乳状液形成的作用叫乳化作用，能够帮助乳化作用发生的表面活性剂叫乳化剂。

表面活性剂（乳化剂）的亲水亲油平衡值（hydrophile-lipophile balance，HLB值）在乳状液的配制过程中非常重要。HLB值表明了乳化剂同时对油和水的相对吸引作用，HLB值低表示其亲油性强，HLB值高表示其亲水性强，只有HLB值在3～6的表面活性剂（或混合物）才适宜作W/O型乳化剂，只有HLB值在8～18的表面活性剂（或混合物）才适宜作O/W型乳化剂。

乳化剂有多种不同的分类方法，现介绍其中一种分类方法，见表8-3。

表8-3 乳化剂的分类

类别		实例
合成表面活性剂	阴离子型	脂肪酸盐：三乙醇胺、十二烷基琥珀酸钠
		硫酸酯盐：脂肪聚氧乙烯醚硫酸酯盐、烷基酚聚氧乙烯硫酸酯盐
		磺酸盐：十二烷基苯磺酸钠、十二烷基磺酸钠、脂肪酰胺牛磺酸盐
	非离子型	聚氧乙烯醚型：脂肪醇聚氧乙烯醚、烷基酚聚氧乙烯聚氧丙烯醚、烷基胺聚氧乙烯醚、脂肪酰胺聚氧乙烯醚
		酯型：失水山梨醇脂肪酸酯、失水山梨醇脂肪酸酯环氧乙烷加成物
合成高分子表面活性剂		苄基酚聚氧乙烯醚（商品名乳化剂BP）、苯乙烯基苯酚聚氧乙烯醚（商品名农乳600）
天然产物表面活性剂		阿拉伯胶、黄芪胶、瓜胶、魔芋胶、磷脂、褐藻酸盐、羧甲基纤维素

8.1.4.6 表面活性剂的增溶作用

增溶是增加难溶性或不溶性油性物质在水中的溶解度的过程。在洗涤去污过程中常同时伴随增溶过程发生，当亲油性污垢脱离物体表面时，会被增溶到表面活性剂胶束中并稳定地分散在水溶液中，原来被油污占据的表面则被表面活性剂分子占据，从而可以很好地防止物体表面再被油污重新污染。增溶现象是胶束对亲油物质的溶解过程，是表面活性剂胶束的一种特殊作用，因此只有溶液中表面活性剂浓度在临界胶束浓度以上时，即溶液中有较多的大粒胶束时才有增溶作用，而且胶束体积越大，它的增溶量越多。

增溶作用是被增溶物进入胶束，而不是提高了增溶物在溶剂中的溶解度，因此不是一般意义上的溶解。增溶作用与乳化作用不同，乳化作用是一种液相分散到水（或另一液相）中得到的不连续、不稳定的多相体系，而增溶作用得到的溶液也是不均匀的溶液，有别于真溶液。有时同一种表面活性剂既有乳化作用又有增溶作用。但只有当它的浓度较大时，溶液中存在较多胶束时才有增溶作用。

8.1.4.7 表面活性剂的发泡作用

生活中我们可以看到：把洗衣粉加入水中搅拌可以产生泡沫，打开啤酒瓶即有大量泡沫出现。从广义上说，“泡”是被液体或固体薄膜包围着的气体，仅有一个界面的“泡”叫气泡，由液体薄膜或固体薄膜隔离开的具有多个界面的气泡聚集体称为泡沫。泡沫有液体泡沫和固体泡沫之分。啤酒、肥皂水等在搅拌下形成的泡沫称液体泡沫；面包、蛋糕等弹性大的物质以及泡沫塑料、饼干等为固体泡沫。人们通常所说的泡沫多是指液体泡沫。

起泡力好的物质称为起泡剂。肥皂、洗衣粉、烷基苯磺酸钠等都是良好的起泡剂。生活中我们搅拌水的时候是很少会产生泡沫的，或者说在水中形成的泡沫相互接触或从水中逸出时，就立刻破裂。如果在水中加入某种表面活性剂，形成的溶液容易成膜且不易破裂，这种溶液在搅拌时就会产生许多泡沫，这样的表面活性剂就称为起泡剂。这是因为加入表面活性剂（或者说起泡剂）之后，起泡剂的分子吸附在气-液界面，不但降低了气-液两相间的表面张力，而且由于形成一层具有一定力学强度的单分子薄膜，从而使泡沫不易破灭。

表面活性剂的泡沫性能包含它的起泡性和稳泡性两个方面。

表面活性剂的起泡性是指表面活性剂溶液在外界条件作用下产生泡沫的难易程度，表面活性剂降低水表面张力的能力越强越有利于产生泡沫。因此表面活性剂的起泡力可用表面活性剂降低水表面张力的能力来表征，表面活性剂降低水表面张力越强，其起泡力就越强，反之就越差。

表面活性剂的稳泡性是指在表面活性剂水溶液产生泡沫之后，泡沫的持久性或泡沫存在时间的长短。肥皂、洗衣粉形成的泡沫稳定性好，而烷基苯磺酸钠形成的泡沫稳定性不好。因此，起泡性好的物质不一定稳泡性好。能使形成的泡沫稳定性好的物质叫稳泡剂，如月桂酸二乙醇酰胺。起泡剂和稳泡剂有时是一致的，有时则不一致。当然，泡沫的产生，有时是有利的，有时则是不利的。

8.1.4.8 表面活性剂的消泡作用

上面讲到泡沫的产生有时是有利的，有时则是不利的。在人们进行污垢的洗涤时，由于泡沫表面对污垢有强力的吸附作用，使洗涤剂的耐久力提高，也可以防止污垢在物体表面上再沉积。人们的印象一般是发泡性好的洗涤剂去污力强，实际上并非绝对如此，但的确有一定的内在联系，所以各种洗涤剂都做成高泡沫型，如洗发和手工用衣服、餐具洗涤剂。但在一些情况下，如洗衣机、洗碗机中使用泡沫丰富的洗涤剂，会降低喷射泵的压力，另外使漂洗变得困难，难以完全去除衣物或餐具上残留的泡沫。因此，在这种场合需要使用低起泡性的非离子表面活性剂，同时，加入一定量的泡沫抑制剂（泡沫调节剂），常用的泡沫调节剂有肥皂、硅酮（即聚硅氧烷）、聚醚和石蜡油等。

从理论上讲，消除使泡沫稳定的因素即可达到消泡的目的。因影响泡沫稳定的因素主要是液膜的强度，故只要设法使液膜变薄，就能起消泡作用。可以通过加入某些试剂与起泡剂发生化学反应而达到消泡目的。用作消泡的化学物质，都是易于在溶液表面铺展的液体，当消泡剂在溶液表面铺展时，会带走邻近表面层的溶液使液膜局部变薄，于是液膜破裂、泡沫破坏。一般能在表面铺展、起消泡作用的液体其表面张力都较低，易于吸附在溶液表面，使溶液局部表面张力降低，继而自此局部发生铺展。同时会带走表面下一层邻近液体，致使液膜变薄，从而使泡沫破裂。

8.1.4.9 表面活性剂的洗涤去污作用

表面活性剂的洗涤作用是表面活性剂具有最大实际用途的基本特性。将浸在某种介质（一般为水）中的固体表面上的污垢去除的过程称为洗涤。在洗涤过程中加入洗涤剂以减弱污垢与固体表面的黏附作用，并施以机械力搅动或手动搓揉等，借助介质（水）的冲力将污垢与固体表面分离而悬浮于介质中，最后将污垢冲洗干净。洗涤剂在洗涤过程中具有以下作用：一是降低水的表面张力，改善水对洗涤物表面的润湿性。洗涤液对洗涤物品的润湿是洗涤过程是否可以完成的先决条件，洗涤液对洗涤物品必须具备较好的润湿性，否则洗涤液的洗涤作用不易发挥；二是使已经从固体表面脱离下来的污垢能很好地分散和悬浮在洗涤介质（水）中，使其不再沉积到固体表面。

在洗涤过程中，影响洗涤效果的因素有固体与污垢的黏附强度、固体表面与洗涤剂的黏附强度以及洗涤剂与污垢间的黏附强度。固体表面与洗涤剂间的黏附作用强，有利于污垢从固体表面的去除；洗涤剂与污垢的黏附作用强，有利于阻止污垢的再沉积。

8.2 衣用洗涤用品

8.2.1 肥皂

8.2.1.1 肥皂概述

肥皂是高级脂肪酸金属盐的总称，是油脂或脂肪酸与有机碱或无机碱通过皂化或中和反应制得的，主要是指含 8～12 个碳的脂肪酸钠或钾盐。肥皂分子中包含着非极性的亲脂部分（烃基长链）和极性的亲水部分（羧酸根离子），如图 8-7 所示。当肥皂分子与水接触时，其亲水基进入水中，亲脂基则伸出水面朝向外界的空气；当肥皂分子与油接触时，其亲脂基进入油中，亲水基在油面朝向外界的空气，如图 8-8 所示。这样肥皂分子就在水或油的表面定向排列形成单分子层，单分子层的形成改变了水或油的表面性质，降低了表面张力，这就是肥皂的表面活性，于是肥皂易溶于水，有发泡、润湿、渗透、乳化和去污作用。肥皂按产品组成、外形和用途的不同，可分为香皂、药皂、透明皂、洗澡皂、皂片、液体皂和工业皂等。

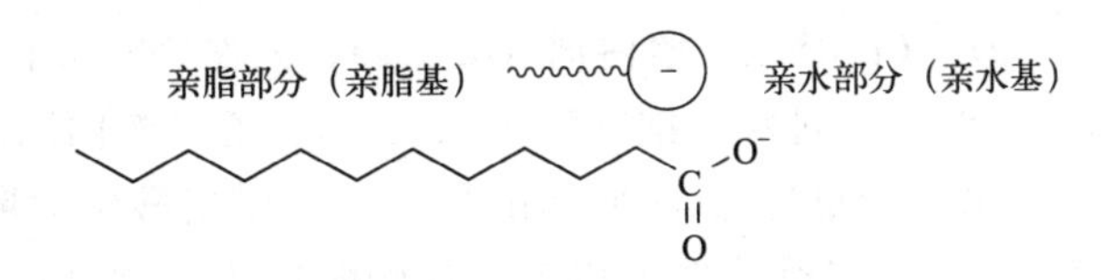

图 8-7 肥皂分子结构示意图

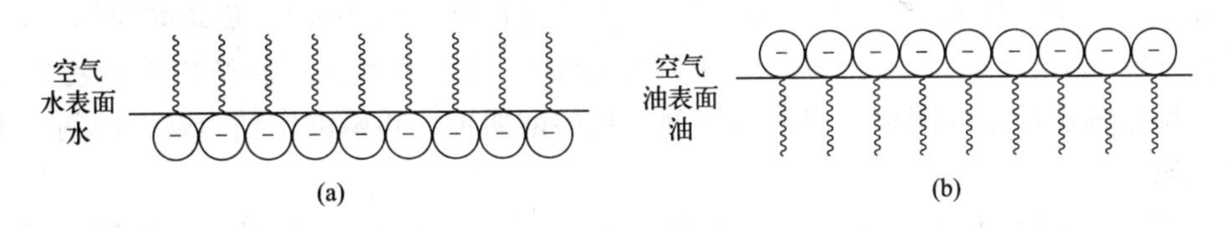

图 8-8 肥皂在水或油表面形成的单分子层

8.2.1.2 制皂的主要原料

① 油脂。油脂是不溶于水的疏水性物质，来源于植物和动物，主要成分是脂肪酸三甘油酯。油脂是制皂的主要原料，肥皂性能和质量的好坏在很大程度上是由所用油脂决定的，因此，油脂的选择是制皂的关键之一。油脂的皂化反应如图 8-9 所示。

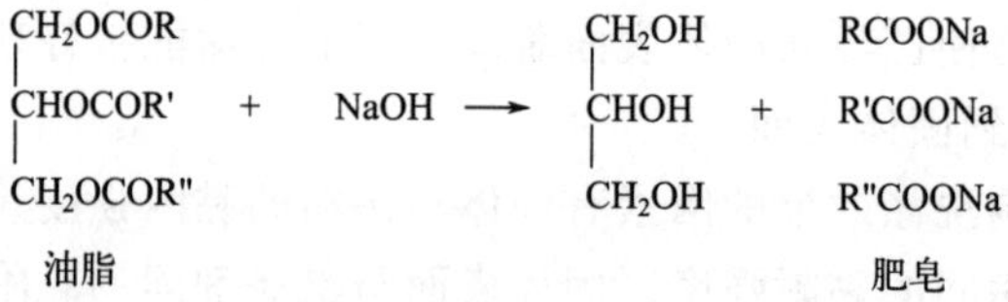

$$
\begin{array}{l} CH_2OCOR \\ | \\ CHOCOR' \\ | \\ CH_2OCOR'' \end{array} + NaOH \longrightarrow \begin{array}{l} CH_2OH \\ | \\ CHOH \\ | \\ CH_2OH \end{array} + \begin{array}{l} RCOONa \\ R'COONa \\ R''COONa \end{array}
$$

油脂 肥皂

图 8-9 油脂的皂化反应

② 脂肪酸。肥皂用脂肪酸最主要的是牛油硬脂酸和椰子油液体酸。

③ 松香。松香价格比油脂低，在肥皂中代替部分油脂可使肥皂成本降低。另外，松香加在肥皂中能阻止硬脂酸皂的结晶，使皂体不过分坚硬、不脆裂、不酸败。但松香的起泡力和去污力都不如油脂皂，且只能加在洗衣皂中。

④ 木浆浮油。松木用硫酸法制造纸浆时，木料中的油脂和松香转变成可溶性的钠盐进入黑液，用硫酸酸化黑液后，脂肪酸和松香酸等酸性物质即分离出来并呈油状物浮于液面，此油状物称为木浆浮油。

⑤ 碱。肥皂厂用于皂化的碱是氢氧化钠，有时也用氢氧化钾、碳酸钠、碳酸钾。

⑥ 其他。制皂的其他原料有食盐、硅酸钠、脱色剂、着色剂、香料、其他原料（如荧光增白剂、抗氧剂、杀菌剂、螯合剂、加脂剂、钙皂分散剂、透明剂等)。

8.2.1.3 肥皂配方实例

以下实例组分以质量占比计算，全部占比合计 100%。

① 普通洗衣皂。配方为脂肪酸钠（75%)、硅酸钠（5%)、羧甲基纤维素 CMC(1%)、水（11%)、碳酸钠（至 8%)。其中脂肪酸钠为阴离子表面活性剂；硅酸钠、碳酸钠为无机助剂；CMC 为抗污垢再沉积剂。

② 复合皂粉。配方为皂基（折 100%脂肪酸）(60.0%)、硅酸钠（干基）(7%～8%)、羧甲基纤维素钠（CMC-Na)%(1.0%)、增白剂（0.2%)、防腐剂（0.1%)、脂肪醇聚氧乙烯醚硫酸钠（AES)（7%～8%)、过硼酸钠（22%～24%)、乙二胺四乙酸钠（EDTA-2Na)（0.5%)、香料（0.1%)、水（余量)。其中脂肪醇聚氧乙烯醚硫酸钠为阴离子表面活性剂；硅酸钠为无机助剂；CMC-Na 为抗污垢再沉积剂；过硼酸钠为彩漂剂；EDTA-2Na 为金属螯合剂。

③ 液体洗衣皂。配方为油酸钠（8.0%)、椰子油酸钠（6.0%)、脂肪醇聚氧乙烯醚硫酸钠（5.0%)、十二烷基苯磺酸钠（9.0%)、焦磷酸四钾（14.0%)、焦磷酸四钠（1.0%)、单乙醇胺（2.0%)、水（加至 100%)。其中油酸钠、椰子油酸钠、脂肪醇聚氧乙烯醚硫酸钠、十二烷基苯磺酸钠为阴离子表面活性剂；焦磷酸四钾、焦磷酸四钠为碱性助剂；单乙醇胺为乳化剂。

④ 透明皂。配方为水（30.2%)、山梨醇（12.0%)、砂糖（21.8%)、纯皂料（11.6)、甘油（11.0%)、酒精（4.4%)、色料（适量)、香料（适量)。其中砂糖、甘油为透明剂；山梨醇为润湿剂。

⑤ 高级增白洗衣皂。配方为脂肪酸钠（75%)、硅酸钠（5.0%)、水（11.0%)、CMC（1.0%)、磺化牛脂酸甲酯钠（5.0%)、荧光增白剂 CBS-X(0.05%)、荧光增白剂 OM（0.1%)、荧光增白剂 GS(0.1%)、碳酸钠（加至 100%)。其中脂肪酸钠、磺化牛脂酸甲酯钠为阴离子表面活性剂；硅酸钠为无机助剂；CMC 为抗污垢再沉积剂；荧光增白剂 CBS-

X、荧光增白剂 OM、荧光增白剂 GS 为荧光增白剂（FWA）；碳酸钠为碱性无机助剂，与硅酸钠配合使用，用作无磷洗涤剂的代磷用品。

8.2.2 合成洗衣粉

8.2.2.1 合成洗衣粉概述

合成洗衣粉是以表面活性剂为主要成分，并配有适量不同作用的助洗剂制得的粉状（粒状）的合成洗涤剂。合成洗衣粉因其呈粉状的特点，具有使用方便、产品质量稳定、包装成本较低、便于运输贮存的优点，去污效果好，在井水、河水、自来水甚至海水等各类水质中能够表现出良好的洗涤去污效果，并且适用于洗涤棉、麻、人造棉、聚酯、尼龙、丙烯腈等化纤、丝、毛等各类织物。目前市场上经常出现的洗衣粉品种主要有普通洗衣粉、重垢洗衣粉、轻垢洗衣粉、浓缩洗衣粉、彩漂洗衣粉、柔软洗衣粉、加酶洗衣粉、消毒洗衣粉、皂基洗衣粉等；也有根据泡沫多少划分的高泡洗衣粉和低泡洗衣粉。高泡洗衣粉的特点是泡沫丰富、持久，有很好的去污能力；缺点是泡沫多，不易漂清。低泡洗衣粉是在普通洗衣粉配方中加入非离子表面活性剂或少量肥皂，由于是复配品，去污效果好，泡沫少、易漂清，特别适合机洗。

8.2.2.2 合成洗衣粉的主要原料

生产合成洗衣粉的主要原料为表面活性剂和助洗剂。洗衣粉中常用的表面活性剂主要是阴离子型表面活性剂和非离子型表面活性剂；其次是阳离子型表面活性剂和两性表面活性剂。助洗剂包括无机助洗剂和有机助洗剂。常用的无机助洗剂主要有三聚磷酸钠、碳酸钠、硅酸钠、4A 沸石、硫酸钠、漂白剂（如过硼酸钠、过碳酸钠、过硫酸钠及过氧化氢等）。有机助洗剂主要有聚丙烯酸钠、丙烯酸-马来酸共聚物、氧化淀粉、羧甲基纤维素钠、酶制剂、荧光增白剂、聚乙烯吡咯烷酮、抑菌剂、香精等。

8.2.2.3 合成洗衣粉配方实例

① 普通洗衣粉。配方为碳酸氢钠（53%）、月桂醇聚氧乙烯醚（AEO）（1.0%）、柠檬酸（含 1 分子结晶水）（17.5%）、硬脂酸单乙醇酰胺（2.0%）、三聚磷酸钠（12.5%）、单硬脂酸甘油酯（0.5%）、硫酸钠（6.0%）、羧甲基纤维素钠（0.3%）、硅酸钠（2.5%）、酶制剂（0.1%）、直链烷基苯磺酸钠（ABS）（2.5%）、荧光增白剂（0.05%）、皂粉（2.0%）、光漂剂（0.05%）。其中三聚磷酸钠、硫酸钠、碳酸氢钠、硅酸钠为无机助洗剂；羧甲基纤维素钠为抗污垢再沉积剂；柠檬酸为有机助洗剂；直链烷基苯磺酸钠为阴离子表面活性剂；硬脂酸单乙醇酰胺、月桂醇聚氧乙烯醚（AEO）、单硬脂酸甘油酯为非离子表面活性剂。月桂醇聚氧乙烯醚（AEO）常作为脂肪醇聚氧乙烯醚硫酸钠（AES）的代替品。

② 重垢洗衣粉。配方为烷基苯磺酸钠（30%）、脂肪醇聚氧乙烯（16）醚（5%）、椰油酰单乙醇胺（3%）、三聚磷酸钠（8%）、硅酸钠（10%）、碳酸钠（11.5%）、羧甲基纤维素钠（2%）、倍半碳酸钠（30%）、荧光增白剂（0.5%）。其中烷基苯磺酸钠为阴离子表面活性剂；脂肪醇聚氧乙烯（16）醚、椰油酰单乙醇胺为非离子表面活性剂；三聚磷酸钠、硅酸钠、碳酸钠、倍半碳酸钠为无机助洗剂；羧甲基纤维素钠为抗污垢再沉积剂。

③ 轻垢洗衣粉。配方为壬基酚聚氧乙烯（9）醚（12.0%）、三聚磷酸钠（16%）、硫酸钠（30.0%）、碳酸钠（20.0%）、羧甲基纤维素钠（1.0%）、聚乙烯吡咯烷酮（PVP）

(1.0%)、水合多硅酸盐（20.0%）。其中壬基酚聚氧乙烯（9）醚为非离子表面活性剂；三聚磷酸钠、硫酸钠、碳酸钠、水合多硅酸盐为无机助洗剂；羧甲基纤维素钠为抗污垢再沉积剂；聚乙烯吡咯烷酮（PVP）为有机助洗剂，具有良好的抗再沉积功能。

④ 浓缩洗衣粉。配方为 C_{10}～C_{15} 直链烷基苯磺酸钠（30%）、月桂醇硫酸钠（16%）、月桂醇聚氧乙烯醚（AEO）（7%）、硫酸钠（5%）、硅酸钠（15%）、肥皂粉（4%）、4A 沸石（15%）、碳酸钠（8%）。其中 C_{10}～C_{15} 直链烷基苯磺酸钠、月桂醇硫酸钠为阴离子表面活性剂；月桂醇聚氧乙烯醚（AEO）为非离子表面活性剂；硫酸钠、硅酸钠、4A 沸石、碳酸钠为无机助洗剂。

⑤ 彩漂洗衣粉。配方为 *N*,*N*-二乙酸钠氨基丙酸钠（9.0%）、4A 沸石（22.7%）、脂肪醇聚氧乙烯醚（4.3%）、羧甲基纤维素（CMC）（0.55%）、过硼酸钠（18.2%）、二氧化硅（5.5%）、氯化钠（2.5%）、碳酸钠（10.8%）、二硅酸镁（0.9%）、硫酸钠（19.85%）、十二烷基苯磺酸钠（5.7%）。其中 *N*,*N*-二乙酸钠氨基丙酸钠、十二烷基苯磺酸钠为阴离子表面活性剂；脂肪醇聚氧乙烯醚为非离子表面活性剂；硫酸钠、二氧化硅、4A 沸石、氯化钠、碳酸钠为无机助洗剂；CMC 为抗污垢再沉积剂；过硼酸钠为彩漂剂，能将白色衣物洗得更加洁白，有色衣物色彩更鲜艳；二硅酸镁为稳定剂，可以减缓漂白剂的分解速度，不损伤织物，并保持良好的漂白效果。

8.2.3 洗衣液

8.2.3.1 洗衣液概述

洗衣液的主要成分是非离子表面活性剂，去污能力强，并且能够深入衣物纤维内部发挥洗涤作用，去污彻底。洗衣液能够完全溶解，且溶解速度快，易漂易洗，不会伤及皮肤和衣物。洗衣液 pH 偏中性，配方温和不伤手。洗衣液降解比较完全，对环境破坏小。洗衣液的技术含量更高，便于添加各种有效成分，洗后会令衣物蓬松、柔软、光滑亮泽，并且具有除菌和持久留香的功效，使用综合成本低，被人们广泛接受。

洗衣液按产品的用途可分为重垢洗衣液、轻垢洗衣液、柔软洗衣液、漂白洗衣液、加酶洗衣液、衣领净、衣用干洗剂、预去斑剂共八种；也可按照其他分类方法分为通用洁净洗衣液、婴幼儿专用洗衣液、杀菌除螨洗衣液、功能性洗衣液。

8.2.3.2 洗衣液的主要配方组成

洗衣液的主要配方组成为表面活性剂和助剂。洗衣液的表面活性剂以非离子表面活性剂为主，辅以阴离子表面活性剂。助剂有碱性助剂、增溶剂、溶剂、黏度调节剂、螯合剂、酶制剂等。

8.2.3.3 洗衣液配方实例

① 不含溶剂的超浓缩洗衣液。配方为椰油酸（2%）、直链十二烷基苯磺酸钠（10%）、C_{12}～C_{14} 脂肪醇聚氧乙烯醚硫酸钠（20%）、C_{10} 支链醇聚氧乙烯（9）醚（16%）、C_{11} 醇聚氧乙烯/聚氧丙烯（9）醚（7%）、C_8～C_{10} 烷基糖苷（5%）、氢氧化钠（0.4%）、二甲苯磺酸钠（2%）、柠檬酸钠（0.5%）、琥珀酸钠（0.5%）、柠檬酸（0.2%）、氯化钠（1.5%）、液体蛋白酶（0.4%）、硼砂（0.5%）、二苯乙烯基联苯二磺酸钠（0.4%）、凯松防腐剂（0.2%）、色素（0.0005%）、香精（0.2%）、去离子水（33.2%）。其中椰油酸、柠檬酸为有机助洗剂；直链十二烷基苯磺酸钠、C_{12}～C_{14} 脂肪醇聚氧乙烯醚硫酸钠为阴离子表面活性

剂；C_{10}支链醇聚氧乙烯（9）醚、C_{11}醇聚氧乙烯/聚氧丙烯（9）醚、C_8～C_{10}烷基糖苷为非离子表面活性剂；氢氧化钠为无机助洗剂，主要利用其强碱性去除油脂类污垢及其他污渍；二甲苯磺酸钠为水溶助长剂；柠檬酸钠、琥珀酸钠为螯合剂，代替三聚磷酸钠作无磷助剂，以增加去污力和对钙、镁、铁离子的螯合能力；氯化钠为无机助洗剂；液体蛋白酶为生物酶；硼砂为无机助洗剂，在弱碱性的pH值下，硼砂有良好的缓冲作用，在此配方中为酶稳定剂；二苯乙烯基联苯二磺酸钠为荧光增白剂。

② 洗护二合一婴幼儿洗衣液。配方为脂肪醇（C_{12}～C_{14}）聚氧乙烯醚硫酸钠（AES）（10%）、烷基（C_{12}～C_{14}）糖苷（APG）（3%）、椰油酰胺基丙酸甜菜碱（CBA）（2%）、脂肪醇（C_{12}～C_{16}）聚氧乙烯（9）醚（2%）、氨基硅油微乳液（1%）、脂肪酸（C_{12}～C_{18}）钠（2%）、乙二胺四乙酸二钠（0.1%）、2-甲基异噻唑-3（2H）-酮（MIT）（0.2%）、香精（0.1%）、氯化钠（2%）、去离子水（77.6%）。其中脂肪醇（C_{12}～C_{14}）聚氧乙烯醚硫酸钠（AES）、脂肪酸（C_{12}～C_{18}）钠为阴离子表面活性剂；烷基（C_{12}～C_{14}）糖苷（APG）、脂肪醇（C_{12}～C_{16}）聚氧乙烯（9）醚为非离子表面活性剂；椰油酰胺基丙酸甜菜碱（CBA）为两性离子表面活性剂；氨基硅油微乳液为柔软剂；乙二胺四乙酸二钠为效果最好的螯合剂；2-甲基异噻唑-3(2H)-酮（MIT）为广谱杀菌防腐剂，能有效杀灭藻类、细菌和真菌；氯化钠为无机助洗剂，起增稠作用。

③ 含仙鹤草提取物的杀菌洗衣液。配方为脂肪醇聚氧乙烯醚硫酸钠（10.0%）、十六烷基三甲基氯化铵（0.5%）、脂肪醇聚氧乙烯（7）醚（5.0%）、脂肪醇聚氧乙烯（9）醚（5.0%）、椰油基丙基甜菜碱（5.0%）、羟乙基纤维素（0.3%）、氯化钠（0.8%）、柠檬酸（0.1%）、香精（0.2%）、凯松（0.02%）、仙鹤草提取物（3.0%）、去离子水（加至100）。其中脂肪醇聚氧乙烯醚硫酸钠为阴离子表面活性剂；十六烷基三甲基氯化铵为阳离子表面活性剂：脂肪醇聚氧乙烯（7）醚、脂肪醇聚氧乙烯（9）醚为非离子表面活性剂；椰油基丙基甜菜碱为两性表面活性剂；羟乙基纤维素为增稠剂；氯化钠为无机助剂；柠檬酸有机助剂为pH调节剂；凯松为杀菌防腐剂；仙鹤草提取物为杀菌剂。

④ 护色洗衣液。配方为1-乙烯基吡咯烷酮（0.5%）、烷基苯磺酸钠（6.0%）、烷基糖苷（12.0%）、羧甲基纤维素钠（0.06%）、荧光增白剂CBS-X（0.06%）、异噻唑啉酮（0.06%）、色素和香精（0.06%）、去离子水（加至100）。其中1-乙烯基吡咯烷酮为护色剂；烷基苯磺酸钠为阴离子表面活性剂；烷基糖苷为非离子表面活性剂；羧甲基纤维素钠为增稠剂；荧光增白剂CBS-X为荧光增白剂；异噻唑啉酮为防腐剂；色素和香精为其他助剂。

8.3 沐浴洗涤用品

8.3.1 洗发香波

8.3.1.1 洗发香波概述

洗发香波是指用于清洁附着在头皮和头皮上分泌的油脂、汗垢、脱落的头屑及聚集的灰尘等的清洁用品。对头发、头皮具有清洁作用，又能促进其生理机能，也能抑制头皮屑和瘙痒，使头发光亮、健美、柔顺和富有弹性，具有美容作用，是专门用于清洁毛发的洗涤化妆品。洗发香波的分类方法很多，可以按照洗发香波中的表面活性剂、按洗发香波适用于不同发质、按产品的形态、按包装形式、按功效、按添加特种原料、按功能等进行分类。

8.3.1.2 洗发香波的配方组成

洗发香波的主要原料为表面活性剂和添加剂两大类。洗发香波中主要的表面活性剂是阴离子型表面活性剂，为改善洗发香波的洗涤性和调理性，可加入非离子型表面活性剂、两性离子表面活性剂及阳离子型表面活性剂。添加剂的种类很多，如调理剂、遮光剂、珠光剂、螯合剂、稳泡剂、增稠剂、澄清剂、酸化剂、护发养发添加剂、防腐剂、去屑止痒剂、色素和香精。

8.3.1.3 洗发香波配方实例

① 珠光调理香波。配方为月桂醇硫酸钠（50.00%）、己二醇（0.10%）、柠檬酸（0.15%）、吡咯烷酮羧酸钠（1.00%）、珠光浓缩液（5.00%）、椰油脂肪酸二乙醇酰胺（3.50%）、椰油酰胺基丙基甜菜碱（2.80%）、去离子水（37.45%），另外添加香精、着色剂、防腐剂适量。其中月桂醇硫酸钠为阴离子表面活性剂；椰油脂肪酸二乙醇酰胺为非离子表面活性剂；椰油酰胺基丙基甜菜碱为两性离子表面活性剂；己二醇为澄清剂；柠檬酸为酸化剂；吡咯烷酮羧酸钠为保湿剂；珠光浓缩液为珠光剂。

② 去头屑香波。配方为十二烷基聚氧乙烯（3）醚硫酸钠（15.0%）、椰油酸二乙醇酰胺（4.0%）、十二烷基甜菜碱（6.0%）、吡啶硫酮锌（4.0%）、PEG 6000 双硬脂酸酯（2.0%）、柠檬酸（适量）、乙二醇双硬脂酸酯（1.0%）、香料（适量）、色料（适量）、防腐剂（适量）、精制水（余量）。其中十二烷基聚氧乙烯（3）醚硫酸钠为阴离子表面活性剂；椰油酸二乙醇酰胺为非离子表面活性剂；十二烷基甜菜碱为两性离子表面活性剂；吡啶硫酮锌为去屑止痒剂和高效广谱杀菌剂；PEG 6000 双硬脂酸酯为增溶剂、保湿剂和润滑剂；柠檬酸为酸化剂，调节 pH 值；乙二醇双硬脂酸酯为增稠剂。

③ 婴儿香波。配方为 9.0% 的月桂醇硫酸钠溶液（30%）、聚山梨醇单棕榈酸酯（5.0%）、油酰基二乙醇胺（1.5%）、油酰基单乙醇胺磺化琥珀酸二钠（4.5%）、磷酸钠（0.3%）、氯化钠（1.5%）、香精（适量）、色料（适量）、柠檬酸（适量）、去离子水（加至100）。其中月桂醇硫酸钠、油酰基单乙醇胺磺化琥珀酸二钠为阴离子表面活性剂；聚山梨醇单棕榈酸酯、油酰基二乙醇胺为非离子表面活性剂；磷酸钠为无机助剂；氯化钠为无机增稠剂；柠檬酸为酸化剂，调节 pH 值。

④ 洗发、护发、养发“三合一”香波。配方为 *N*-椰油酰基-*N*-甲基牛磺酸钠（10%）、月桂基二甲基氧化胺（6%）、椰油酸二乙醇酰胺（4%）、聚乙二醇（6000）（2%）、PCA-100 聚合阳离子表面活性剂（3%）、丝肽液（10%）、香精（0.3%）、柠檬酸（适量，调节 pH 值至 6.5）、色料（适量）、防腐剂（适量）、精制水（至 100%）。其中 *N*-椰油酰基-*N*-甲基牛磺酸钠为阴离子表面活性剂；椰油酸二乙醇酰胺、月桂基二甲基氧化胺为非离子表面活性剂；聚乙二醇（6000）为保湿剂；丝肽液为护发、养发剂；柠檬酸为酸化剂，调节 pH 值。

8.3.2　浴用香波

8.3.2.1　浴用香波概述

浴用香波是沐浴时使用的全身皮肤清洁用品，也称作浴剂、沐浴露、泡沫浴等。浴用香波的功能主要是有效地洗净人体皮肤表面的皮屑、皮脂和人体上的污垢；在浴用香波中加入润肤剂和其他活性物质，使用后能够促进血液循环和末梢循环，提高新陈代谢，加速体内废弃物的排泄；加入一些疗效性的物质，能够对慢性皮肤病具有一定的疗效；加入芳香剂以及色素则能够使沐浴者心情舒畅、精神愉快。

沐浴香波的品种繁多，可以按照产品状态、功能等进行分类。按状态可分为透明浴液、乳状浴液、泡沫浴、固体浴、浴凝胶等；按功能可分为清凉浴液、止痒浴液、营养浴液、保健浴液、儿童浴液等。

8.3.2.2　浴用香波的主要配方组成

浴用香波的配方组成主要是表面活性剂，以阴离子型和非离子型表面活性剂为主，在高档浴液中可添加适量性能温和的两性离子表面活性剂，但两性离子表面活性剂因其去污力、发泡性差，不能单独用作浴用洗涤剂的基料，一般用两性表面活性剂与阴离子表面活性剂复配。浴用香波的添加剂有泡沫稳定剂、赋脂剂、保湿剂、黏度调节剂、调理剂、螯合剂、功能添加剂、pH 调节剂、防腐剂、香精、色素等，还可以添加一些特殊的成分，如中药提取物、水解蛋白、维生素和羊毛脂衍生物等。

8.3.2.3　浴用香波配方实例

① 爽肤浴液。配方为印度檀香油（0.5%）、椰油烷基酰胺基丙基甜菜碱（8.0%）、香兰素（0.1%）、十二醇醚硫酸钠（3.0%）、柠檬油（0.2%）、防腐剂（0.03%）、精制水（余量）。其中印度檀香油为爽肤剂；椰油烷基酰胺基丙基甜菜碱为两性离子表面活性剂；香兰素为调香、定香剂，同时还具有抑菌、杀菌作用；十二醇醚硫酸钠为阴离子表面活性剂；柠檬油为美肤、润肤剂。

② 儿童浴液。配方为去离子水（58.8%）、聚乙二醇-80 椰油酸甘油酯（14.0%）、月桂基硫酸钠（12.0%）、聚乙二醇-30 椰油酸甘油酯（8.0%）、脂肪酰胺基丙基甜菜碱（6.0%）、库拉索芦荟提取物（0.5%）、咪唑烷基脲（0.3%）、尼泊金甲酯（0.25%）、尼泊金内酯（0.15%）。其中聚乙二醇-30 椰油酸甘油酯、聚乙二醇-80 椰油酸甘油酯为非离子表面活性剂；月桂基硫酸钠为阴离子表面活性剂；脂肪酰胺基丙基甜菜碱为两性离子表面活性剂；库拉索芦荟提取物为保湿剂，同时还有一定的药效价值；咪唑烷基脲为防腐剂和润滑剂；尼泊金甲酯和尼泊金内酯为防腐剂。

③ 中药浴液。配方为黄柏提取液（1.0%）、椰油烷基酰胺基丙基甜菜碱（8.0%）、龙胆草提取液（1.0%）、十二醇醚硫酸钠（3.5%）、聚硅氧烷聚醚（2.0%）、防腐剂（适量）、玫瑰香精（0.5%）、去离子水（余量）。其中椰油烷基酰胺基丙基甜菜碱为两性离子表面活性剂；黄柏提取液为中药成分，具有消炎作用，可治疗湿疹；龙胆草提取液为中药成分，具有保湿作用，可抗菌抗炎；十二醇醚硫酸钠为阴离子表面活性剂；聚硅氧烷聚醚为非离子表面活性剂；玫瑰香精为调香剂。

8.4 餐具洗涤用品

8.4.1 餐具洗涤剂概述

餐具洗涤剂又称洗洁精，用于洗涤附着于金属、陶瓷、玻璃、塑料等材质的餐具表面上的油脂、蛋白质、碳水化合物或这些物质的热分解物，除餐具以外也用于洗涤蔬菜和水果。餐具洗涤剂根据洗涤方法分为人工洗涤餐具洗涤剂和机器洗涤餐具洗涤剂两种洗涤剂。这两种洗涤剂最大的区别在于起泡性能显著不同，手洗（人工洗涤）餐具洗涤剂要求起泡性好，去污力强，而机洗（机器洗涤）餐具洗涤剂要求低泡沫。

8.4.2 餐具洗涤剂的配方组成

手洗餐具洗涤剂配方组成有表面活性剂和添加剂两种。手洗餐具洗涤剂的主要表面活性剂成分是直链烷基苯磺酸钠、脂肪醇聚氧乙烯醚硫酸盐、α-烯基磺酸盐、脂肪醇硫酸盐、烷基磺酸盐等阴离子表面活性剂。为了满足产品多性能要求，还需要加入脂肪酸烷醇酰胺、烷基聚乙二醇醚、烷基酚聚乙二醇醚、磺基琥珀酸单酯、氧化胺等非离子表面活性剂作辅助表面活性剂。添加剂主要有助溶剂、螯合剂、增稠剂、缓冲剂、防腐剂、消毒剂、香精、抗氧化剂、釉面保护剂。

机洗餐具洗涤剂配方组成采用的表面活性剂主要是非离子表面活性剂，或非离子表面活性剂与阴离子表面活性剂的复配物。机洗餐具洗涤剂一般都添加无机助剂，如三聚磷酸钠、硅酸钠、硫酸钠等，其作用与一般洗涤剂相同。此外，有的还要加杀菌剂和漂白剂。

8.4.3 餐具洗涤剂配方实例

① 加酶手洗餐具洗涤剂。配方为聚氧乙烯甘油醚（50.0%）、聚氧乙烯油醇醚（1.0%）、蛋白酶（0.5%）、淀粉酶（0.5%）、去离子水（加至 100）。其中聚氧乙烯甘油醚、聚氧乙烯油醇醚为非离子表面活性剂；蛋白酶、淀粉酶为洗涤剂用酶，相互间有很好的协同作用。

② 机用餐具洗涤剂。配方为烷基苯磺酸（1%～3%）、AEO-9（1%～3%）、硅酸钠（2%～4%）、氢氧化钠（8%～14%）、三聚磷酸钠（3%～5%）、过硼酸钠（3%～4%）、氯化磷酸三钠（适量）、4A 沸石（2%～5%）、聚丙烯酸钠（2%～5%）、香精（适量）、去离子水（加至 100%）。其中烷基苯磺酸为增溶剂；AEO-9 为非离子表面活性剂；氢氧化钠为无机助剂，主要利用其强碱性去除油脂类污垢及其他污渍；三聚磷酸钠为金属离子螯合剂，同时可提高乳化和分散作用，防止洗涤剂成品结块；过硼酸钠和氯化磷酸三钠为优良的漂白剂和杀菌剂；4A 沸石为软水助剂；聚丙烯酸钠为分散剂，帮助 4A 沸石溶解；硅酸钠为无机助剂。

参考文献

[1] 颜红侠，张秋禹. 日用化学品制造原理与技术 [M]. 北京：化学工业出版，2011.

[2] 王培义，徐宝财，王军. 表面活性剂：合成·性能·应用 [M]. 北京：化学工业出版社，2019.

[3] 王前进，张辰艳，苗宗成．洗涤剂：配方、工艺及设备［M］．北京：化学工业出版社，2018.
[4] 徐宝财，张桂菊，赵莉．表面活性剂化学与工艺学［M］．北京：化学工业出版社，2016.
[5] 王军，杨许召．表面活性剂新应用［M］．北京：化学工业出版社，2009.
[6] 肖进新，赵振国．表面活性剂应用技术［M］．北京：化学工业出版社，2017.
[7] 王慎敏，巩桂芬．日用洗涤剂：配方·示例·工艺［M］．北京：化学工业出版社，2011.
[8] 李光东．洗衣液配方与制备工艺［M］．北京：化学工业出版社，2019.
[9] 王运，胡先文．无机及分析化学［M］．北京：科学出版社，2019.
[10] 刘旦初．化学与人类［M］．上海：复旦大学出版社，2007.
[11] 夏百根，黄乾明，徐翠莲．有机化学［M］．北京：中国农业出版社，2014.
[12] 邢其毅，裴伟伟，徐瑞秋，等．基础有机化学［M］．北京：高等教育出版社，2005.

第9章
室内外装修材料与化学

随着我国经济建设的发展，大多数家庭生活都有了很大的改善。家庭生活在现代社会中已经发生了翻天覆地的变化，我国人民的居住环境也得到了极大的改善，人们在不断地追求高品质生活的同时，居住环境的美化也走进人们的视野。居住环境的美化离不开住房的装修，装修房屋时要注意哪些细节呢，你是否清楚？本章内容将介绍室内外装修的各类材料，并介绍部分材料的选购方法，以及装修后如何减少或消除有害物质的影响。

9.1 室内外装修材料

房屋装修包括地面、墙面、屋顶、室内景观等，因此所需要的材料多，而且市面上的种类繁多。可以将装修材料按照部位分类，还可按照材质分类，亦可根据功能分类。

9.1.1 装修材料的分类

9.1.1.1 按照装修部位分类

对于单元房或电梯房，涉及地面装饰材料、顶部装饰材料、内墙装饰材料、门窗装饰材料以及入户景观装饰材料等；对别墅还包括外墙装饰材料和景观装饰材料。

9.1.1.2 按照材质分类

装修材料按照材质分类有石材、木材、涂料、无机矿物、纺织品、金属、塑料、陶瓷、玻璃等。

9.1.1.3 按照功能分类

按照功能，装修材料可以分为防潮材料、防火材料、防霉材料、隔热材料、隔声材料、耐腐蚀材料等。

9.1.2 装修材料简介

不同的材料使用在不同的地方，一般都有功能要求和对应的装饰功能。此处对地面、墙面、屋顶的装饰（装修）材料进行简单介绍。

9.1.2.1 地面装饰材料

地面装饰材料包括地板砖、木地板、防水材料、防霉材料、消声材料等。普通家装选择地板砖、木地板和地毯的居多。

（1）地板砖

地板砖的作用在于保护楼板，并符合相应的强度、硬度要求。一般地板砖都有耐磨要求，因此地板砖建议选择耐磨性好一些的品牌。除此之外，地板砖还应具备美观、防潮、防水等功能，而且在我国南北方还有所区别，在北方有些需要铺设地热，因此这些因素都是选择地板砖时的考虑因素。地板砖有通体砖、仿古砖、抛光砖和玻化砖。地板砖的主要原料包含黏土、粉状石英和长石。黏土主要由硅酸盐和一定量的氧化铝、碱金属氧化物、碱土金属氧化物组成；长石是含钙、钠和钾的铝硅酸盐类造岩矿物。

① 通体砖。指表面不上釉瓷砖，而且正反两面的材质和色泽一致。属于耐磨砖系列，其花色较为单一，表面一般较粗糙。常有自洁砖、大颗粒系列、岩石系列、蚀文系列、45×145粉砂系列、月扇系列、川岩系列等。一般用作客厅、过道和室外走道的地面装饰材料。

② 仿古砖。是从彩釉砖演化而来的，其实也是上釉的瓷质砖。其特点是仿古，是通过技术手段实现的，因此是仿古效果的瓷砖。仿古砖最早是从国外引进的。仿古砖有防水、防滑、耐腐蚀的特性，因此多用于厨房、浴室、卫生间等区域的地面，也可用于这些区域的墙面。

③ 抛光砖。是将坯体表面打磨抛光而成的一类光亮的砖，是通体砖的一种。抛光砖在抛光时会留下一些凹凸气孔，因此抛光砖的短板是易脏，优质抛光砖会增加一层防污层。抛光砖有彩云石系列、彩虹石系列、白玉渗花系列、雪花白石系列、流星雨系列等。主要用于室内墙面、地面、餐厅和玄关等处，但在施工前最好打上水蜡。

④ 玻化砖。又称全瓷砖，是为了解决抛光砖易脏的问题，通过高温烧制而成的，因此没有气孔，比抛光砖更硬、更耐磨。玻化砖有飞天石、泰山石、金花米黄、珍珠石等。主要用于地面、墙体、柱体等。

（2）木地板

木地板有实木地板、实木复合木地板、强化复合地板和竹木地板。现代装修有些设计将实木地板用来装修墙面，利用其纹路之美；无论是实木地板还是强化木地板，都需经过干燥、防腐等处理。

① 实木地板。又称原木地板，其是天然木材经处理后加工成块状用于铺设，具有脚感舒适、保温好、隔声、绝缘等性能。其缺点是容易变形，保养比较复杂，市售成品一般上漆销售。实木地板的含水率一般在10%～15%之间，一般选用耐磨、耐腐、耐湿的木材，如红檀、芸香、甘巴豆、花梨木、黄檀木、紫檀木等。

② 实木复合木地板。是由多层木板黏合得到的，根据其层数有三层和多层实木复合地板之分。一般表面为优质珍贵木材，芯木为廉价材料，因此价格上较实木地板便宜很多，在购买时要区分实木地板和实木复合木地板。为了保护表面一般会涂优质的UV涂料，至少5层，因此复合实木地板有一定硬度、耐磨耐刮性，也具备良好的阻燃性。

③ 强化复合地板。一般由4层材料复合组成，包括平衡层、高密度基材层、装饰层和耐磨层，其准确的名称为浸渍纸层压木质地板。耐磨层中一般含有三氧化二铝，起到抗磨作

用；装饰层中用三聚氰胺树脂制作纹理；高密度基材层是高密度纤维板制成的，具有抗压、防潮等功能；平衡层可以平衡地板、防潮等。

④竹木地板。使用经过处理后的竹材作为原料，经薄片黏合而成，不易开胶。竹木地板需要经过漂白、硫化、脱水、防虫、防腐等工序后，再经过高温高压黏合等工序。竹木地板的硬度高，但是脚感不如实木地板。

（3）地毯

地毯其实属于软装，不属于基础装潢类，其主要目的是起美化作用，用地毯装饰可以溯源到古埃及时代。地毯能隔热、保温等，脚感也很好。地毯有纯毛地毯、化纤地毯、婚房地毯、橡胶地毯、剑麻地毯等。样式多样化，还有多种花色可供选择。以粗绵羊毛为原料的纯毛地毯较好，剑麻地毯也很绿色环保，但在居家使用时，要注意动物毛发、细菌和灰尘容易吸附在地毯上，因此要注意清洁。部分劣质化纤地毯容易掉落超细纤维，对人体健康不利，在选购时一定选购优质产品。

（4）石材

石材分为天然石材和人造石材。天然石材有花岗岩、大理石等。大理石的主要化学成分是碳酸钙，其主要矿物成分有方解石、蛇纹石和白云石等，纯大理石为白色，称为汉白玉，其颜色因产地不同，有不同的品质和纹路。一般选择大理石作门槛石、洗手池、飘窗台、电视背景墙等，但也有用作地板的。天然石材在选择时一定要注意是否有色斑、裂纹等。人造石有水泥型人造石和树脂型人造石。树脂型人造石是使用聚酯树脂作为黏合剂，将大理石或方解石等天然石材粉碎后配以阻燃剂，再加入颜料调色后混匀浇筑成型，经压缩达到相应强度，一般用作橱柜台面、洗手池台面等。

9.1.2.2 墙面装饰材料

墙面装饰材料的运用是为了保护墙体以及埋在墙体里的电线、网线等管线，同时起到美化环境的作用，最常用的有涂料、壁纸、墙砖等。涂料将在下节中进行详细介绍，此处略。

（1）装饰壁纸

壁纸发源于欧洲地区。壁纸分为塑料壁纸、纺织壁纸、天然材料壁纸、玻纤壁纸、金属膜壁纸等。塑料壁纸又可以分为普通壁纸、发泡壁纸和特种壁纸。纺织壁纸又可称为纺织纤维墙布或无纺贴墙布，以棉、麻、丝为主。纺织壁纸又分为棉纺壁纸、锦缎壁纸和化纤装饰壁纸三类。

（2）墙砖

装饰瓷砖主要用在厨房、卫生间等需要用到油、水等区域，但现在很多装修在客厅或餐厅等位置也使用石材、木地板、装饰瓷砖等进行装饰。装饰瓷砖大多选用釉面砖，因为釉面砖可以有不同的花纹，深受人们喜爱。釉面砖有白色釉面砖、彩色釉面砖、装饰釉面砖、印花釉面砖等。在厨房、浴室和卫生间使用釉面砖方便清洁，并有一定的防水功能。客厅区域的墙体装饰可以选择天然石材、人造石材、瓷砖等。

（3）铝塑板

铝塑板是铝塑复合板的简称，上下两层中间使用低密度聚乙烯为芯，上下层均为高纯度铝合金。也有仅一面为高纯度铝合金的铝塑板，一般用作墙面装饰材料。

9.1.2.3 屋顶装饰材料

屋顶装饰材料包括吊顶所用材料、灯具、石膏线等，起到美化作用。

① 石膏线。以石膏（$CaSO_4$）为主，加入辅料（麻丝、纸筋、骨胶等）造型。石膏线可以用于墙角、柱体等装饰。

② 石膏板。也是以石膏（$CaSO_4$）为主，加入辅料（纤维、稳定剂、胶黏剂等）压制成型，具有防火、质轻等特点。用于屋顶做造型、遮盖不规则屋顶等。

③ 木龙骨。主要用白松、椴木、红松、杉木等树木加工成长方形、方形长条，因此又称为木方。

④ 铝合金龙骨。为铝（Al）合金材质，一般为 T 字形，有底面外露和不外露两种安装方式。在其表面用彩色线条装饰后被称为烤漆龙骨。

⑤ 轻钢龙骨。使用镀锌钢带或薄钢板轧制而成，亦有通过冲压制成的。有吊顶龙骨和墙体龙骨两大类。

⑥ 金属扣板。多为铝扣板，是通过在铝板表面喷涂、吸塑、抛光等工艺制作，再通过压制成型，有很多的颜色和花口，可供选择。因其拆装简单，施工方便，因此现在厨卫装修大多采用铝扣板进行吊顶，放弃以前的塑料扣板。

9.1.3 部分装饰材料的选择方法

总体来说市售装修材料非常多，有品牌产品，也有不合法不合规产品。在装修这一行业也存在诸多乱象，作为消费者应当理性消费，不要盲目听从销售人员的推销说辞，合理查阅相关资料，明确自己的需求。

（1）地板砖

尽量选取正规品牌厂家，按需选取种类，不要购买劣质产品。要注意地板砖的强度、耐磨度等。

（2）天然石材

天然石材美观大方，是很多装修的必选材料，但要注意，天然石材中或多或少会包含一些放射性元素，因此最好购买具有检验合格证的石材（合格证有 A、B、C 三类，A 类的应用无限制，B 类不能用于民用建筑内饰面，C 类只能用于建筑物外饰面或室外），而且还要注意检验合格证应为 A 类，同时注意检测合格证日期，应当是本批次石材的检验合格证，不同时期、不同批次的天然石材其放射性也有一定的差异。因此不建议引过多石材进家，过多石材进入会产生累加效应，造成室内放射性射线计量偏高。同时要区分各种天然石材，在选购时要注意石材大小，尺寸一定要购买合适。天然石材的选购可以通过以下 3 步进行质量判断。

① 观察石材表面结构。如肉眼观察石面均匀、细腻，则石材质量较好；若观察为粗细不均匀，说明石材质量不佳。亦不能有裂纹，有裂纹者不佳。

② 可以轻轻敲击石材。如果声音清脆悦耳，则石材质量好；如果敲击声是粗哑的，说明石材的质地不好，有可能有裂纹或风化导致颗粒间接触变松等。

③ 可以在石材背面滴上墨水等。如果墨水快速浸入并散开，说明石材质地松散或有裂纹；如果墨水不浸入石材，并在石材上成滴，说明石材质量好。

（3）装饰瓷砖

装饰瓷砖用得越来越普及，选择时要注意釉面的厚度、色差、吸水性、膨胀度等。一定选用有正规厂家、品牌、商标、检验合格证的瓷砖。选购时注意要“1 看 2 敲 3 验”。“1 看”是看釉面是否有裂纹、釉面厚度、是否有色差等。“2 敲”是轻轻敲击釉面砖的各个位置，听声音，以防有空鼓、夹层等。“3 验”是看厂家、品牌、商标、合格证。

（4）木地板

木地板都应选择有正规厂家、品牌的木地板，不要相信无标、未贴牌等说法。

① 实木地板。首先要关注木地板漆面，看漆膜的光洁度，有无气泡、漏漆等；其次是看基材，检查是否有死节、开裂、腐朽、霉斑、变形等；再次是要弄清真实材质，不要被名字弄昏头脑；接下来是考察地板的平整度，同一批木地板的拼接间隙、高度差等；最后考察地板的含水率和强度。

② 复合实木地板。首先，每一层均应为实木板，不能有粉状、颗粒状填充物；其次，表面不应有气泡、开裂、漏漆、死节、拼接、霉斑等问题；再次，考察地板的表层厚度和平整度，同一批木地板的拼接间隙、高度差等；最后要查验甲醛检验证书，并拿新地板砖闻一闻气味，如果气味浓烈说明粘胶质量不行。

③ 强化复合地板。首先关注耐磨度；其次观察做工、色差、平整度，可以观察切面颜色，偏黑不好；再次要注意甲醛含量，查验检测报告并从新包装中取出闻一闻；最后查验证书和检验报告。

④ 竹木地板。首先观察表面是否有气孔、漏漆、开裂，侧面是否有脱胶等；其次看同批次地板颜色，应当基本一致；再次要注意竹木地板是否全部漆封，如果没有则不好，因竹的表面孔多易吸潮，所以应当全部漆封；接下来要将竹木地板拿在手中考察重量、纹路，还可用手掰，看是否有层间分层脱胶等；最后查品牌、厂家、合格证、检验证书等。

9.2 涂料与化学

涂料是施工最方便、价格较低廉、效果很明显、附加价值率高的一种化工产品。

9.2.1 涂料的定义

涂料，是一种涂装材料，就是可以用不同的施工工艺涂覆在物件表面，在一定的条件下形成黏附牢固、具有保护装饰或特殊性能的固态涂膜的液体或固体材料的总称。

涂料一般都含有 4 类成分，包括成膜物质、分散介质、颜填料以及助剂。有些没有颜填料，是在使用时加入后调色使用。

① 成膜物质。又称为基料，大多数采用高分子化合物作为成膜物质。高分子化合物有天然高分子和合成高分子两大类，合成高分子使用较为广泛。

② 分散介质。也称为稀释剂或溶剂，大多数涂料中都有分散介质，除无溶剂涂料外。分散介质在其中起到溶解和分散成膜物质的作用，一般占到总体积的 50%。水性涂料以水为溶剂，溶剂型涂料以有机溶剂为分散介质。

③ 颜填料。是涂料中的次要成膜物质，一般为有色的细小颗粒，且不溶于水、油、溶剂等。颜料可分为体质颜料、着色颜料、防锈颜料等。

④ 助剂。是一类用来改善涂料的物质。

涂料具有防止物体表面受到气候腐蚀、化学腐蚀以及日光照射而起变化，防止或减少物体表面直接受到摩擦和冲击，增加物体表面美观等功能。

9.2.2 涂料的分类

经过长期发展，目前涂料已有几千多种。过去对涂料分类命名很不统一。在不同的领域可以有不同的分类方法。在GB/T 2705—2003《涂料产品分类和命名》中明确表示有2种分类方法。

① 以涂料产品的用途为主线，并辅以主要成膜物质的分类法。涂料产品可以分成三个主要类别，即建筑涂料、工业涂料和通用涂料及辅助材料。建筑涂料又分为墙面涂料、防水涂料、地坪涂料、功能性建筑涂料；工业涂料又分为汽车涂料、木器涂料、铁路和公路涂料、轻工涂料、船舶涂料、防腐涂料、其他专用涂料；通用涂料及辅助材料有调合漆、清漆、磁漆、底漆、腻子、稀释剂、防潮剂、催干剂、脱漆剂、固化剂、其他通用涂料及辅助材料。

② 除建筑涂料外，以涂料产品的主要成膜物为主线，并适当辅以产品主要用途的分类方法。涂料产品划分为两个主要类别，即建筑涂料、其他涂料及辅助材料。建筑涂料与前面相同，其他涂料包括油脂漆类、天然树脂漆类、酚醛树脂漆类、沥青漆类、醇酸树脂漆类、氨基树脂漆类、硝基漆类、过氧乙烯树脂漆类、烯类树脂漆类、丙烯酸酯类树脂漆类、聚酯树脂漆类、环氧树脂漆类、聚氨酯树脂漆类、元素有机漆类、香蕉漆类、其他成膜物类涂料。

③ 其他分类方法

a. 按照涂料的性状分类。固态涂料即粉末涂料；液态涂料分为溶剂型涂料、水溶性涂料、水乳型涂料。

b. 按涂料的光泽分类。分为高光型或有光型涂料、丝光型或半定型涂料、无光型或亚光型涂料。

c. 按涂刷部位分类。分为内墙涂料、外墙涂料、地坪涂料、屋顶涂料、顶棚涂料等。

d. 按涂料涂层状态分类。分为平涂涂料、砂壁状涂料、含石英砂的装饰涂料、仿石涂料等。

e. 按涂料的特殊性能分类。分为建筑涂料、防腐涂料、汽车涂料、防露涂料、防锈涂料、防水涂料、保湿涂料、弹性涂料等。

9.2.3 我国对涂料的命名原则及规定

涂料全名一般是由颜色或颜料名称加上成膜物质名称，再加上基本名称（特性或专业用途）而组成，即“全名＝颜料或颜色名称＋成膜物质名称＋基本名称”，如锌黄酚醛防锈漆等。对于不含颜料的清漆，其全名一般是由“成膜物质名称＋基本名称”组成，如环氧树脂防腐漆、丙烯酸改性氨基烤漆等。

(1) 颜色（颜料）名称

颜色的名称通常有红、黄、蓝、白、黑、绿、紫、棕、灰等，有时可加上深、中、浅等。如果颜料对漆膜性能起显著作用，则可用颜料名称代替颜色的名称，如锌黄、铁红等。

(2) 成膜物质名称

成膜物质的名称可作适当简化，例如环氧树脂简化为环氧，聚氨基甲酸酯简化为聚氨酯等。如果漆基中含有多种成膜物质，则可以选取最主要的一种成膜物质用于命名。若选取多种成膜物质命名时，主要成膜物质名称在前，次要成膜物质在后，如红环氧硝基磁漆。成膜物质有松香、虫胶、合成油、酚醛树脂、天然沥青、甘油醇酸树脂等。

（3）基本名称

基本名称表示涂料的基本品种、特性和专业用途，如磁漆、清漆、底漆、铅笔漆、木器漆等。

① 成膜物质名称和基本名称之间，必要时可插入适当词语来表明专业用途和特性等，如红过氧乙烯静电磁漆、白硝基球台磁漆等。

② 需干燥的漆可以在名字中加入烘干字样，如不注明则表明为自然干燥，亦可烘干。“烘干”二字应该放在成膜物质和基本名称之间，如铁红环氧聚酯酚醛烘干绝缘漆。

在相关涂料生产厂家还有内部命名规则，用于内部识别，但是不应作为商品名。

9.2.4 部分涂料介绍

9.2.4.1 乳胶漆

乳胶漆是以合成树脂乳液为原料，通过配入颜料、填料、辅料等制作而成的水性涂料，在室内装修中非常重要，是墙面装饰的明星产品。

乳胶漆具有干燥速度快、耐碱性好、色彩柔和、调制方便、易于施工、不引火、适用范围广、成本较低等优点。因乳胶漆是以水为介质，施工时用水进行稀释，因此毒性较低，施工简单，非专业人士亦可施工，滚涂和喷涂均可。

选购时要注意“一闻二看”：首先闻气味，如果闻到刺激性气味，或者香味很浓烈，则该产品质量不好。其次是看房子一段时间之后的漆膜，应该有一层厚且有弹性的氧化膜，并且不易开裂。劣质产品形成的漆膜薄，且易裂。最后建议认准大品牌购买，在正品商店购买，以防买到假货。

9.2.4.2 木器漆

木器漆可分为清油、清漆、厚漆、调合漆、硝基漆、聚酯漆等。

① 清油。是以精制的亚麻油等软质干性油加部分半干性植物油，经炼制加入催干剂后形成的浅黄至棕黄色黏稠液体，又称为熟油或调漆油。施工要求比较复杂。

② 清漆。亦称凡立水，是不含有颜料的透明涂料，其成膜物质是树脂。有油基清漆和树脂清漆两类，油基清漆含有干性油，而树脂清漆不含干性油。多用于木器家具、门窗、扶手表面等。

③ 厚漆。又名铅油，其外观黏稠，采用颜料和干性油混合研磨而成，使用时加入清油溶剂搅拌均匀即可。漆膜柔软，坚硬性差，一般作为底漆使用。

④ 调合漆。分为油性调合漆、磁性调合漆两类，这种漆已经经过了调和处理，所以可以直接使用，用作饰面漆。油性调合漆是由干性油和颜料研磨后，加入催干剂和溶剂调和而成，具有较好的吸附力，经久耐用，但是干燥慢，结膜也慢。磁性调合漆是使用松香脂、甘油、干性油和颜料研磨后，用溶剂调和并加入催干剂后得到的，其干燥性较好，但容易产生裂痕，易失去光泽。

⑤ 硝基漆。又称为蜡克，具有干燥快、耐磨、耐久性好等优点，是以多种酯类作为溶剂（俗称香蕉水），将硝化脱脂棉和其他配料混合制备而得的一款涂料，其成膜的主要物质是硝化脱脂棉。

⑥ 聚酯漆。其主要成膜物质为聚酯树脂，其漆膜丰满，层厚面硬，是一类厚质漆。但是其包含的有害物质挥发期长，其所用固化剂为甲苯二异氰酸酯（toluene diisocyanate，TDI）（图 9-1），施工后处于游离状态的 TDI 会变黄，而且也会使家具的漆面变黄，所以有较大的缺陷。

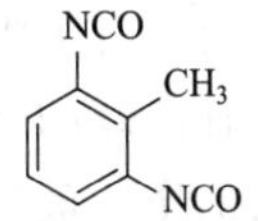

图 9-1　甲苯二异氰酸酯（TDI）的结构式

9.3　如何对待刚刚装修后的房间

人们在装修房子的时候需用各种各样的材料，以满足自己的需求，然而在形形色色的材料中，存在多种有害成分，例如天然石材有低微的辐射，家具、涂料中挥发出来的各种气体中含有甲醛等有害成分，都对人体健康产生危害。人们要健康安全地使用各种材料，才能达到幸福生活的目的。现就装修后的房间处理问题作以下介绍。

9.3.1　正确对待新装修房子

新装修住房由于引入较多的新材料，所以会有一些气味，同时各种材料所挥发的气相物质中也包含一些有毒物质如甲醛、甲苯等。如果使用木漆或溶剂漆，房间内的有机挥发物会更多，气味也会更难闻，因此刚装修好的房子不能直接入住，需要经过一段时间的空房期，并保持通风。

值得提醒人们的是，无论选用的建材是环保的还是非环保的，其都经过这样或那样的处理，因此在装修好后会有很多有污染的甲醛、甲苯等挥发性物质放出，并不是全部使用环保的建材就可以在装修完成后不经过任何处理就直接入住。例如用了 E0 级的环保材料，还是有挥发物，只是比非 E0 级的材料少一些。因此还是应当有空房期。

9.3.2　如何处理装修后的房屋

装修好的房子要处理甲醛、甲苯等有害挥发性物质时，可以聘请专业公司处理，也可以自行处理。

9.3.2.1　请专业治理公司处理

如果选择聘请甲醛处理公司进行处理，那将需要做到以下几点，对公司进行全面的考察后再做决定。首先要看公司资质，是否是正规企业，是否具备处理室内甲醛的经营范围；其次要看公司处理甲醛的方案和执行标准，是否存在使用过时标准等情况；再次可以到公司施工现场观察；最后查阅公司所使用的除甲醛试剂，并查阅是否正规合法，如果能够理解除甲醛机理更好。在选择公司时要注意，有些公司处理并不规范，也不具备处理能力，只是短时间将甲醛固定，随着时间的推移，还是会释放出来。

9.3.2.2　房主自行处理

如果自行处理新装修房屋的甲醛、甲苯等有害物时，建议首选空房通风进行去除。请注意空房通风不仅仅是打开窗户通风就行，要定期将各类家具的门或抽屉打开—关闭—打开，进行循环操作，每个步骤建议 2～3 天一次。同时辅以其他方法，例如如果房间通风不好，就要利用风扇或其他设备通风才能将有毒物质排出屋外。在通风的同时还可以利用活性炭的吸附作用进行吸附，首先建议购买颗粒状的活性炭；其次建议购买专业的活性炭，因为活性炭要具有良好的吸附效果，就需要在生产中有造孔的工序，有些平台售卖的活性炭产品不一定有此工序；最后，活性炭的使用不是放着就行，而是要定期将活性炭处理后再使用，条件允许可以用马弗炉或烘箱进行解吸附处理，无此条件可定期将活性炭放置在通风条件下阳光暴晒，以释放所吸附的有害气体。值得提醒的是，活性炭有一定的吸附效果，但是不是立竿见影，无法快速吸附完室内装修材料所释放的甲醛。

在自行处理新装修房屋时，也可以参照公司处理方法，利用甲醛吸收剂或分解反应达到处理的目的，但是较多产品有过度宣传的情况。也可以放入一些植物（绿萝、吊兰、芦荟、虎尾兰等），但是植物的吸附能力也有限，因此最好的方式是通风。

一些错误的方法举例：在网络上有用菠萝去异味的方法，其实不是去除，而是由于菠萝自身的味道很大很浓，因此将装修的气味掩盖掉一部分。

参考文献

[1] 王勇．室内装饰材料与应用［M］．3版．北京：中国电力出版社，2018.

[2] 郭宝奎．建筑饰品石材［M］．济南：山东科学技术出版社，2016.

[3] 中华人民共和国国家质量监督检验检疫总局，全国涂料和颜料标准技术委员会．GB/T 2705—2003 涂料产品分类和命名［S］．北京：中国标准出版社，2004.

[4] 官仕龙．涂料化学与工艺学［M］．北京：化学工业出版社，2013.

[5] 中华人民共和国国家质量监督检验检疫总局，中华人民共和国工业和信息化部．GB/T 18581—2020 木器涂料中有害物质限量［S］．北京：中国标准出版社，2020.